应用型本科 电气类专业系列教材

低压电工实操及考证必备

甄兰兰 黄云峰 编

薛 阳 参编

西安电子科技大学出版社

内 容 简 介

本书从电工初学者的角度出发,结合低压电工上岗考证的相关要求,介绍了低压电工的必备基础知识和实用基本操作技能。本书的主要内容包括三大部分:低压电工基础知识(第1~7章)、民用照明电路实操(第8和第9章)以及三相异步电动机控制电路实操(第10~14章)。本书图文并茂,语言通俗易懂,有助于读者从零起点快速掌握低压电工的必备知识,轻松取证上岗。

本书既可作为各类高等院校相关专业的低压电工课程的教材用书,也可作为低压电工作业人员的培训教材,以及电工技术人员的参考工具书。

图书在版编目(CIP)数据

低压电工实操及考证必备 / 甄兰兰,黄云峰编. —西安:西安电子科技大学出版社,2021.5(2022.8 重印)

ISBN 978-7-5606-5941-1

Ⅰ. ①低… Ⅱ. ①甄… ②黄… Ⅲ. ①低电压—电工—岗位培训—教材

Ⅳ. ①TM08

中国版本图书馆 CIP 数据核字(2021)第 010781 号

策　　划　马晓娟
责任编辑　张　玮
出版发行　西安电子科技大学出版社(西安市太白南路 2 号)
电　　话　(029)88202421　88201467　　邮　编　710071
网　　址　www.xduph.com　　　　　　电子邮箱　xdupfxb001@163.com
经　　销　新华书店
印刷单位　陕西天意印务有限责任公司
版　　次　2021 年 5 月第 1 版　　2022 年 8 月第 2 次印刷
开　　本　787 毫米×1092 毫米　1/16　印 张 15
字　　数　351 千字
印　　数　1001~3000 册
定　　价　37.00 元

ISBN 978-7-5606-5941-1 / TM

XDUP　6243001-2

如有印装问题可调换

前　言

本书从日常生活的实际需要以及电工初学者的角度出发，结合低压电工上岗考证的相关要求，介绍了低压电工相关领域最基础的知识和最实用的操作技能。

本书内容分为三大部分：低压电工基础知识、民用照明电路实操以及三相异步电动机控制电路实操。其中，低压电工基础知识中还包含了电气火灾预防、防雷防爆措施以及触电急救方法等相关内容。本书内容力求简单实用，以帮助读者尽快掌握低压电工方面的操作技能，并且轻松取证上岗。

本书具有如下特点：

1. 内容贴近生活实际

在浩瀚的电工知识海洋中摒弃繁杂而不常用的部分，只选取日常生活和工业现场最实用的知识以及日常最需要的操作技能提供给读者。简单实用的知识使读者在掌握电工操作技能的同时，也提高了生活技能。

2. 内容新颖实用

本书不仅介绍了经典的电工仪表、电工辅料，还为读者呈现出已经面世的最新的仪表、电工辅料，保证了内容的新颖性和实用性。

本书的前言、第一部分(除第 4 章以外)和第二部分由甄兰兰编写，第三部分由黄云峰编写，第一部分的第 4 章由薛阳编写。

由于编者水平有限，书中难免有不妥之处，敬请读者批评指正。

编　者

2021 年 1 月

前　言

目　　录

第一部分　低压电工基础知识

第二部分　民用照明电路实操

第三部分　三相异步电动机控制电路实操

第一部分　低压电工基础知识

第 1 章　低压电工的基本概念

1.1　低　压　电

在电力系统中，电压主要分为高压和低压，以 1000 V 为界，等于高于 1000 V 为高压，低于 1000 V 为低压。

低压等级一般分为 380 V、220 V、110 V；高压等级一般分为 10 kV、35 kV、66 kV、110 kV、220 kV、500 kV、750 kV、1000 kV。

电力系统通过配电线路直接供电给用户的电压为 380 V/220 V，属于低压配电线路，也就是日常所谓的强电。36 V 以下的电压称为人体安全电压。

1.2　电工作业的分类

电工作业分为低压电工作业、高压电工作业和防爆电气作业。

低压电工作业是指对 1000 V 及以下的低压电气设备进行安装、调试、运行操作、维护、检修、改造施工和试验的作业。

高压电工作业是指对 1000 V 以上的高压电气设备进行运行、维护、安装、检修、改造、施工、调试、试验以及对绝缘工、器具进行试验的作业。

防爆电气作业是指对各种防爆电气设备进行安装、检修、维护的作业，适用于除煤矿井下以外的防爆电气作业。

1.3　电　工　证

电工证共分为三种：职业资格证书、特种作业操作证、电工进网作业许可证，分别由劳动局、安全生产监督管理局、国家能源局三个不同的部门发放。

1. 职业资格证书

电工国家职业资格分为初级(五级)、中级(四级)、高级(三级)、技师(二级)、高级技师(一级)五个等级。

电工职业资格证书是从事电工职业相关工作人员的等级资格证明，可证明持证人电工知识和技能水平的高低，是持证人应聘、求职、任职、开业的资格凭证，也是用人单位在招聘、录用过程中对应聘人员的技能水平和工资进行定级的重要依据。虽然它不能代替电工特种作业操作证，但是可以作为电工从业(职业)资格的凭证。

2. 特种作业操作证

特种作业操作证俗称电工操作证、上岗证，是从事电力生产、电气制造、电气维修、建筑安装行业等人员上岗所需的证件。电工操作证没有等级之分，根据操作电压的不同，分为高压电工操作证和低压电工操作证两种。电工操作证有效期为 6 年，每 3 年需要复审一次。低压电工操作证和职业资格证书如图 1-1 所示。

图 1-1　低压电工操作证和职业资格证书

电工特种作业操作证是安监主管部门对单位进行安全生产检查的重要内容之一，是追究单位和作业人员安全事故责任的重要依据。

3. 电工进网作业许可证

电工进网作业许可证是指在用户的受电装置或送电装置上从事电气安装、试验、检修、运行等作业的许可凭证。电工进网作业许可证分为低压、高压、特种三类。

电工进网作业许可证是电工具有进网作业资格的有效证件。未取得电工进网作业许可证或者电工进网作业许可证未注册的人员，不得进网作业。

三证要求各不相同，一般单位要求相关人员至少持有三证的其中一种。

第 1 章习题

一、单选题

1. 特种作业操作证每(　　)年复审一次。
A. 4　　　　　　　B. 5　　　　　　　C. 3
2. 特种作业操作证有效期为(　　)年。
A. 8　　　　　　　B. 12　　　　　　　C. 6

二、判断题

1. 380 V 交流电为低压电。　　　　　　　　　　　　　　　　　　　　(　　)
2. 电工作业分为低压电工作业和高压电工作业。　　　　　　　　　　　(　　)
3. 取得高级电工证的人员就可以从事电工作业。　　　　　　　　　　　(　　)
4. 特种作业操作证每年由考核发证部门复审一次。　　　　　　　　　　(　　)
5. 有美尼尔氏症的人不得从事电工作业。　　　　　　　　　　　　　　(　　)

第 2 章　低压电器的基本概念

低压电器是一种能根据外界的信号和要求，手动或自动地接通、断开电路，以实现对电路或非电对象的切换、控制、保护、检测、变换和调节的元件或设备。

2.1　低压电器的分类

电业安全工作规程上规定，对地电压为 250 V 以下的设备称为低压设备。从制造角度考虑，低压电器是指工作于交流 50 Hz、额定电压为 1000 V 或直流额定电压为 1500 V 及以下的电气设备。

按照动作方式，低压电器可分为自动切换电器(如接触器、继电器)和非自动切换电器(如刀开关和按钮盒)。按照用途，低压电器可分为低压配电电器和低压控制电器两大类。它们是成套电气设备的基本组成元件。

低压配电电器主要用于低压供电系统，包括刀开关、转换开关、熔断器、断路器等。对低压配电电器的主要技术要求是分断能力强，限流效果和保护性能好，有良好的动稳定性和热稳定性。

低压控制电器主要用于电力拖动控制系统，包括接触器、继电器、启动器和主令电器等。对低压控制电器的主要技术要求是有相应的转换能力，操作频率高，电气寿命和机械寿命长，动作可靠。

在工业、农业、交通、国防等领域以及人们日常生活的用电部门中，大多数采用低压供电，因此低压电器元件的质量将直接影响低压供电系统的可靠性。

2.2　低压电器的作用

低压电器能够依据操作信号或外界现场信号的要求，自动或手动地改变电路的状态、参数，实现对电路或被控对象的控制、保护、测量、指示、调节。低压电器的作用如下：

(1) 控制作用。低压电器可用来控制低压电器设备的运行，如电梯的上下移动、快慢速自动切换与自动停层等。

(2) 保护作用。低压电器能根据设备的特点，对设备、环境以及人身实行自动保护，如电机的过热保护以及电网的短路保护、漏电保护等。

(3) 测量作用。利用仪表及与之相适应的低压电器，可以对设备、电网或其他参数，如电流、电压、功率、转速、温度、湿度等进行测量。

(4) 调节作用。低压电器可对一些电量和非电量进行调整，以满足用户的要求，如柴油机油门的调整、房间温湿度的调节、照度的自动调节等。

(5) 指示作用。利用低压电器的控制、保护等功能，可检测设备的运行状况与电气电路的工作情况，如绝缘监测、保护掉牌指示等。

(6) 转换作用。利用低压电器可以在用电设备之间进行转换或使低压电器、控制电路分时投入运行，以实现功能切换，如励磁装置手动与自动的转换，供电的市电与自备电的切换等。

2.3 常用低压电器元件的文字符号及作用

(1) 刀开关(QS)：主要用于电源切除后将线路与电源明显地隔离开，以保障检修人员的安全。

(2) 组合开关(QS)：可用于手动不频繁地接通、分断电路，换接电源或负载，也可用于控制小容量异步电动机。

(3) 自动空气开关(QF)：主要用于低压动力电路电能的分配和电路的不频繁通、断，并具有故障自动跳闸功能。

(4) 控制按钮(SB)：在控制电路中用于短时间接通和断开小电流控制电路。

(5) 行程开关(SQ)：利用机械运动部件的碰撞使其触点动作，以分断或接通控制电路，主要用于检测运动机械的位置，控制运动部件的运动方向、行程长短以及限位保护。

(6) 接近开关(SP)：当移动物体与接近开关的感应头接近时，接近开关输出一个电信号来控制电路的通断。

(7) 交流接触器(KM)：可以频繁地接通和分断交、直流主电路，并可以实现远距离控制，主要用来控制电动机，也可以控制电容器、电阻炉和照明器具等电力负载。

(8) 中间继电器(KA)：用于触点的数量扩展和信号的放大。

(9) 电流继电器(KA)：根据输入电流的大小变化控制输出触点的动作。

(10) 电压继电器(KV)：根据输入电压的大小变化控制输出触点的动作。

(11) 时间继电器(KT)：按照预定时间接通或分断电路。

(12) 速度继电器(KS)：多用于三相交流异步电动机的反接制动控制，当电动机反接制动过程结束、转速过零时，自动切除反相序电源，保证电动机可靠停车。

(13) 热继电器(FR)：可对连续运行的电动机进行过载保护，以防止电动机过热而被烧毁。大部分热继电器除了具有过载保护功能以外，还具有断相保护、温度补偿、自动与手动复位等功能。

(14) 熔断器(FU)：在低压电路配电电路中主要起短路保护作用。

(15) 指示灯(HL)：可用于电路状态的工作指示，也可用作工作状态、预警、故障及其他信号的指示。

第 2 章习题

一、单选题

1. 电业安全工作规程上规定对地电压为(　　)V 及以下的设备为低压设备。
A. 380 V　　　　　　　B. 400 V　　　　　　　C. 250 V

2. 低压电器按其动作方式又可分为自动切换电器和(　　)切换电器。
A. 非自动　　　　　　B. 手动　　　　　　　C. 联动

3. 从制造角度考虑，低压电器是指工作于交流 50 Hz、额定电压(　　)V 或直流额定电压 1500 V 及以下的电气设备。
A. 400　　　　　　　　B. 800　　　　　　　C. 1000

4. 低压电器可分为低压配电电器和(　　)电器。
A. 电压控制　　　　　B. 低压控制　　　　　C. 低压电动

二、判断题

1. 交流接触器的文字符号是 KM。　　　　　　　　　　　　　　(　　)
2. 按钮的文字符号是 SB。　　　　　　　　　　　　　　　　　(　　)
3. 时间继电器的文字符号是 KT。　　　　　　　　　　　　　　(　　)
4. 熔断器的文字符号是 FU。　　　　　　　　　　　　　　　　(　　)
5. 热继电器的文字符号是 FR。　　　　　　　　　　　　　　　(　　)

第3章 常用电工辅料

本章将介绍电气安装中常见的大部分辅料。在电气安装中，主要材料是指构成安装工程主体所需要的材料，一般在电气图中会标注尺寸、长度和编号等；而辅料则是指配合主料施工用的小材料，主要起到连接、固定、绝缘和保护等作用，如电工绝缘胶带、热缩管、穿线管、接线端子、快速接线器、保险丝等。

3.1 电工绝缘胶带

电工绝缘胶带又称为电工胶布或绝缘胶布。电工胶布具有良好的绝缘、阻燃、耐压等特性，一般适用于电线接驳、绝缘破损修复及变压器、电动机、电容器、稳压器等各类电子元器件的绝缘防护，同时也可用于工业过程中捆绑、固定、搭接、修补、密封、保护等。

3.1.1 电工绝缘胶带的分类

常用的电工绝缘胶带有绝缘黑胶带、PVC 电气阻燃胶带、橡胶自粘带和黄蜡带。每种绝缘胶带都有各自不同的特点。

1. 绝缘黑胶布

绝缘黑胶带又叫绝缘胶布，简称黑胶布，常用于电线电缆接头的绝缘防护。老式的绝缘黑胶带如图 3-1 所示，是用棉布、沥青等成分压延制成的，表面较为粗糙，具有良好的绝缘性和缠绕性，缺点是易老化，黏性较差，颜色单一，基本没有延展性，且不具有阻燃和防水功能。随着 PVC 电气阻燃胶带的出现及其广泛应用，老式绝缘黑胶带逐渐退出了历史舞台。

图 3-1 老式的绝缘黑胶带

目前市场上销售的绝缘黑胶带其制作工艺及特性与老式的绝缘黑胶带都有很大的不同。如图 3-2 所示的绝缘黑胶带以聚酯无纺布为基材，涂以橡胶型压敏胶制成，可耐受 1000 V 瞬间电压，具有抗老化、易撕断、黏力强的优点，可工作于 −10℃～40℃ 温度环境中，不会像老式的绝缘黑胶带那样起皮发硬，一般用于电压为 380 V 及以下的电缆接头包扎。

图 3-2　绝缘黑胶带

2. PVC 电气阻燃胶带

PVC 电气阻燃胶带全名为聚氯乙烯电气绝缘胶粘带，简称 PVC 胶带、PVC 电工胶带。PVC 胶带以聚氯乙烯薄膜为基材，涂以橡胶型压敏胶制成。

PVC 胶带一般具有绝缘、阻燃和防水的功能，阻燃性能优异，难点燃、易自熄。如图 3-3 所示，PVC 胶带有红、黄、蓝、绿、白、黑和黄绿双色等多种颜色可供选择；PVC 胶带较薄，表面光亮，材质柔软，有一定延展性；PVC 胶带可工作于 0℃～80℃ 温度环境中，耐候性佳，黏性强。

图 3-3　PVC 胶带

PVC 胶带主要用来对 600 V 及以下的电线电缆进行接头绝缘、相识标色、护套保护、线束绑扎以及对导线的绝缘破损处进行绝缘修复。PVC 胶带已成为目前应用最为广泛的电工材料之一。

3. 橡胶自粘带

橡胶自粘带是用橡胶、油、钙粉等成分延压而成的，又称作橡胶带、橡胶绝缘带，具有绝缘、防水、密封、耐高压的特性，主要用于电线电缆接头的绝缘密封防水，也可用于管道的保护、修补、密封等。

1) 橡胶自粘带的特性

橡胶自粘带具有良好的自粘性，拉伸包扎完成后绝缘层融为一体，造就超强的密封性。与绝缘黑胶带和 PVC 胶带相比，橡胶自粘带更厚实，具有优异的延展性和回弹性，因而防水性能出色。

2) 橡胶自粘带的分类

橡胶自粘带大多为黑色，按照功能可分为高压橡胶自粘带、低压橡胶自粘带、高压防水自粘带、抗电弧橡胶自粘带等；根据原料不同可分为天然橡胶自粘带、丁基橡胶自粘带、乙丙基橡胶自粘带和硅橡胶自粘带等几大类。下面介绍几种常用的橡胶自粘带。

如图 3-4 所示，高压橡胶自粘带是一种绝缘性好、具有自融特性的乙丙基橡胶自粘带，可用于电线电缆终端和中间接头绝缘保护及通信电缆接头的绝缘密封。高压橡胶自粘带可工作于 −10℃～80℃环境下，应急过载温度可达 130℃，适用于较高电压。高压橡胶自粘带可分为 5 kV、10 kV、20 kV、35 kV 四个电压等级，分别对应 5 kV～35 kV 电线电缆的绝缘保护。高压橡胶自粘带延展性优异，伸长率可达 300%～600%。由于其强度不如 PVC 电气阻燃胶带，通常将这两种胶带一起配合使用。

丁基橡胶自粘带的防水性能最好，可用于水下电线电缆的绝缘修复；乙丙基橡胶自粘带和天然橡胶自粘带多用于空气中电线电缆的绝缘防水保护。

硅橡胶自粘带多用于 150℃以上高温作业，为电缆及设备提供高级别绝缘保护，具有优异的气密性。硅橡胶自粘带在拉伸缠绕后的最初几秒内可以剥开重新缠绕定位，数分钟后就会与被缠绕对象融合固化为一体，如图 3-5 所示，创造出一个永久密封、防水的环境。此外，该自粘带还具有抗电晕、抗电弧的特性。

图 3-4　带隔离膜的高压橡胶自粘带　　　图 3-5　硅橡胶自粘带自融固化

3) 橡胶自粘带的使用方法

去掉橡胶自粘带的隔离膜，将其拉伸 200%左右，以半重叠的方式缠绕于需要绝缘或防水密封保护的物体，再在其外层绕一到两层 PVC 胶带提供机械保护。

4. 黄蜡带

黄蜡带如图 3-6 所示，具有防潮和绝缘的功能，主要用于潮湿环境中导线的连接处理。正确施工方法是先在导线连接处包裹黄蜡带，再于外层包裹绝缘黑胶布或高压自粘带。一般可视环境对绝缘防潮的要求，选择不同的外层包裹材料。

图 3-6　黄蜡带

3.1.2　导线接头的绝缘包缠

导线连接处的绝缘处理通常采用电工绝缘胶带进行缠裹包扎。导线绝缘层破损或两根导线连接完成后，必须在失去绝缘层保护的部位包缠绝缘胶布，以恢复导线的绝缘性能，且要求恢复后的绝缘强度不应低于导线原有的绝缘强度。

1. 包缠操作注意事项

(1) 包缠时一般选用的绝缘胶带宽度为 20 mm 左右，使用较为方便。

(2) 起缠点和收缠点距需要保护的部位应至少大于胶带宽度的 2 倍。

(3) 包缠时，胶带应与导线呈 55°左右的倾斜角。

(4) 包缠处理中应用力拉紧胶带，注意不可稀疏，更不能露出芯线，以确保绝缘强度和用电安全。

(5) 包缠时，以半重叠方式进行缠绕，使绕包均匀和整齐。

(6) 在并接式接头上，电工胶带应绕包在电线尾端外，折回后再次缠绕，以防凿穿。

具体操作方式为：包缠时，用力拉紧胶带，一只手在前缠绕胶带并控制方向，另一只手在后对胶带进行按压，以使胶带与导线粘贴紧密；包缠时后一圈应压叠前一圈带宽的 1/2，直至收缠点，一般至少需要包缠两层；外包缠层最好完全覆盖内包缠层，且缠绕的方向要与内包缠层的方向相反。

2. 不同接头的绝缘处理

1) 一字形接头的绝缘处理

一字形连接的导线接头可按图 3-7 所示进行绝缘处理，先包缠一层黄蜡带，再包缠一层黑胶布；将黄蜡带从接头左边绝缘完好的绝缘层上开始包缠，包缠两圈后进入剥除了绝缘层的芯线部分；包缠时每圈压叠带宽的 1/2，直至包缠到接头右边两圈距离的完好绝缘层处；然后将黑胶布接在黄蜡带的尾端，按另一斜叠方向从右向左包缠，每圈压叠带宽的 1/2，直至将黄蜡带完全包缠住。

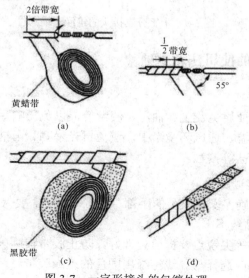

图 3-7　一字形接头的包缠处理

2) T字分支接头的绝缘处理

T字分支接头的包缠方向如图3-8所示，走一个T字形的来回，使每根导线上都包裹两层绝缘胶带；每根导线都应包缠到完好绝缘层的两倍胶带宽度处。

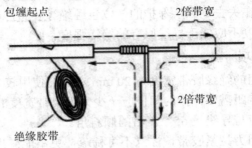

图3-8　T字分支接头的绝缘处理

3) 十字分支接头的绝缘处理

对导线的十字分支接头进行绝缘处理时，包缠方向如图3-9所示，走一个十字形的来回，使每根导线上都包缠两层绝缘胶带；每根导线也都应包缠到完好绝缘层的两倍胶带宽度处。

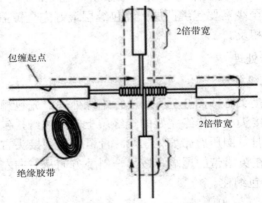

图3-9　十字分支接头的绝缘处理

3.1.3　电工绝缘胶带的使用注意事项

1. 存储注意事项

(1) 胶带的存放环境要避免灰尘、油污、潮湿等，以免影响后期使用。

(2) 胶带应储存于常温、通风环境当中，避免日光暴晒、雨淋受潮。

(3) 不应与酸、碱、盐等接触。

2. 使用注意事项

(1) 使用时，首先要确保操作人员的手部、胶带本身、需要保护的部位及其附近清洁，防止灰尘、湿气等造成黏结不牢。

(2) 包缠部位的毛刺等尖锐点要提前处理好，防止胶带被刺破。

(3) 为了便于辨识，应选择与导线绝缘层同色的绝缘胶带。

(4) 尽量避免带电包缠胶带。无法避免时，应由专人监护或采取相应的保护措施。

(5) 天气寒冷时胶布黏性下降，应对胶布加热升温后再使用，以恢复其黏性。

(6) 拆开的胶带禁止二次使用。

(7) 胶带超出保质期禁止使用。

(8) 禁止将普通透明胶带当作绝缘胶带使用。

3.2 热 缩 管

热缩管也叫热收缩套管，是遇热即收缩管材的统称，其形状如图 3-10 所示。热缩管是以聚合物为原料，经特殊工艺制成的聚合物合金，通过挤出成型，并依次经辐照交联、加热扩张和冷却定型而得到。

图 3-10　热缩管

3.2.1　热缩管简介

1. 热缩管的用途

热缩管具有柔软、阻燃、遇热迅速萎缩的特性，最主要的作用就是绝缘、密封、保护。

热缩管广泛应用于导线的连接，焊点的绝缘保护，导线的末端处理，电阻、电容的绝缘保护，端子、引线、接头的绝缘标识。如图 3-11 所示，电线接头处的绝缘皮套就是热缩管，可起到很好的绝缘或者防水作用。

图 3-11　热缩管的使用示意图

2. 热缩管遇热收缩的原理

高分子材料随着温度由低到高要经历玻璃态—高弹态，玻璃态时性能接近塑料，高弹态时性能接近橡胶。热缩管所用材料在室温下是玻璃态，加热后又变成高弹态。

在实际生产时，将热缩管加热到高弹态，通过施加载荷使其扩张，在保持扩张的情况下快速冷却，使其进入玻璃态，这种状态就固定住了。在使用时一经加热，它就又变回高弹态，但此时已失去了载荷的支撑，热缩管会再次回缩。这就是热缩管的热缩原理。

3.2.2　热缩管的分类

热缩管有多种分类方法，如可以按照耐压等级分类，也可以按照材质、耐温程度或厚度分类。

1. 按照耐压等级进行分类

按照耐压等级的不同，热缩管可分为低压热缩管和高压热缩管。热缩管耐压等级常规的有 300 V、600 V、1 kV、10 kV、35 kV 等。低压热缩管耐压等级在 1 kV 以下，管径一般比较细，用在线束线缆接头处较多；高压热缩管多用于 10 kV、20 kV 和 35 kV 及以上的带电设备绝缘防护。随着电压等级的不同，热缩管的壁厚也随之产生变化，如 300 V 热缩管属于超薄型热缩管，壁厚小于 0.5 mm；而耐压 35 kV 母排热缩管，壁厚可达 4.0 mm。

2. 按照材质不同进行分类

按材质的不同，热缩管可分为 PVDF 热缩管、PVC 热缩管、PET 热缩管、PE 热缩管。PVDF 热缩管耐高温、耐摩擦、耐腐蚀，密封性能优越；PVC 热缩管具有遇热即缩的性质，加热至 98℃ 以上即可收缩，耐高温性能好，无二次收缩；PET 热缩管的耐热性、电绝缘性能、机械性能都远远优于 PVC 热缩套管，且无毒性，易于回收，对人体和环境不会产生毒害影响，更符合环保要求。

3. 按照是否带胶进行分类

按照是否带胶，热缩管可分为单壁热缩管和双壁热缩管。单壁热缩管就是普通热缩管，双壁热缩管则是在单壁热缩管的内壁涂敷一层热熔胶而成。外层采用优质柔软的交联聚烯烃材料，内层采用热熔胶复合加工而成的双壁热缩管，其外层材料有绝缘防蚀、耐磨等特点，内层有熔点低、防水密封好和黏结性高等优点。

4. 按照管壁厚度进行分类

按照管壁厚度，热缩管可分为常规厚度热缩管和中/厚壁热缩管。中/厚壁热缩管因其管壁较厚，硬度比较大，耐磨、耐腐蚀性能也相应比常规厚度热缩管要好很多，防腐能力也更加优越，能适应各种不同的使用环境。同时，具有较高收缩倍率的中/厚壁热缩管，可在很大程度上满足不规则产品对热缩管的使用要求。

5. 按照形状进行分类

按照形状的不同，热缩管可分为圆形和扁形热缩管。

此外，还可根据性能进行分类，分为耐高温、耐腐蚀、耐紫外线、防火阻燃等特殊性能的热缩管。

3.2.3 热缩管的选择及应用

1. 热缩管的选择

(1) 首先依据保护对象的形状选择合适的热缩管。对于不规则形状的对象，可考虑选择具有较高收缩倍率的热缩管。

(2) 选择热缩管应综合考虑使用环境的温度、腐蚀性、密封性以及耐压等级等方面的要求。

(3) 选择热缩管时，首先要测量被保护对象的外径，同时考虑所需要的收缩倍率，综合各种因素决定热缩管的规格。热缩管常见的收缩倍率有 2∶1、3∶1 和 4∶1，即热缩以后管子的内径分别是之前的 1/2、1/3、1/4。

(4) 热缩管的内径一般要比需要保护的线缆外径要大，但也不宜过大，否则容易导致加热时间过长，同时收缩不紧。

2. 热缩管的应用

(1) 热缩操作步骤如下：

① 热缩管的加热可以使用热风枪、加热烘箱、火焰喷枪、蜡烛或打火机等加热工具，如图 3-12 所示。

图 3-12 热缩管加热工具

② 截取一段规格、长度合适的热缩管，套在线缆或接头等需要保护的位置。

③ 用手或者其他物体简单固定热缩管。

④ 使用加热工具对准热缩管的一端均匀加热，使其逐渐收缩并自然固定。

⑤ 松开手或去掉固定物，继续使用加热工具从头到尾热缩，直到套管全部收缩，完全包裹住需要保护的线缆或接头，如图 3-13 所示。

图 3-13 加热示意图

(2) 操作注意事项如下：

① 尽量使用热风枪、加热烘箱等可以控制温度的专业加热工具实施加热操作。

② 加热时注意控制方向，可从一端向另一端，或者从中间向两边加热，以便排空管内空气，避免出现气泡和膨胀；禁止从两端向中间加热。

③ 遇弯曲处时，应先加热内弯，再加热外弯，以避免弯曲处热缩管产生折叠。

④ 加热时应均匀移动加热工具，以免因局部温度过高造成热缩管烧焦或粘冷现象。使用温度不可控的打火机加热时尤其要注意这一点。

3.3　穿　线　管

　　穿线管即绝缘电工套管，是用于保护电线或电缆布线的管道。穿线管既可以明敷又可以暗敷走线，是一种常用的电工辅料。

　　穿线管一般具有绝缘、抗老化、耐高温、耐腐蚀的特性，可用于室内正常环境或者高温、多尘、有震动及对防火性能要求较高的场所，对电线电缆起到保护作用，能降低安全用电的风险。穿线管不得在特别潮湿，有酸、碱、盐腐蚀和有爆炸危险的场所使用。

　　根据建筑工业行业标准 JG3050—1998《建筑用绝缘电工套管及配件》，电工穿线管(电工套管)具有多种分类方式，按连接方式的不同，穿线管可分为螺纹套管和非螺纹套管；按机械性能的不同，穿线管可分为轻型、中型、重型和超重型穿线管；按弯曲特点的不同，穿线管可分为硬质套管(冷弯型和非冷弯型)、半硬质套管和波纹套管；按可承受的最低温度等级的不同，穿线管可分为 −25 型、−15 型、−5 型和 90 型、90/ −25 型；按阻燃特性的不同，穿线管可分为阻燃套管和非阻燃套管；根据材质的不同，穿线管一般可分为塑料类穿线管、金属类穿线管和陶瓷类穿线管三类，每一类又可细分为数种，下面具体加以介绍。

3.3.1　塑料类穿线管

　　常规的塑料类穿线管有 PVC、PC、PE 和塑料波纹穿线管四种。

1. PVC 穿线管

　　如图 3-14 所示，PVC 穿线管的材质为聚氯乙烯，它具有良好的机械性能，如可冷弯；此外，在制管的过程中添加的一些辅助剂可使 PVC 管材具有难燃、耐酸碱、耐磨性以及良好的绝缘性。这些优异的性能使得 PVC 穿线管的市场占有率较高，作为电线导管广泛应用于建筑工程的墙体内、楼板间，并大量用作邮电通信、网络布线用管。

图 3-14　PVC 穿线管

与传统的金属穿线管相比，PVC 穿线管具有以下特点：

(1) 抗压力强。PVC 穿线管能耐受强压力，可明敷或暗敷于混凝土内，不怕受压破裂。

(2) 耐腐。PVC 穿线管可耐酸碱，可于恶劣的环境中保护线缆不被腐蚀。

(3) 阻燃性好。点燃后的 PVC 穿线管离开火焰后，能迅速自熄，避免火势蔓延。

(4) 绝缘性能强。PVC 穿线管能承受高电压而不被击穿，可有效地避免漏电、触电事故。

(5) 施工方便。PVC 穿线管质量轻，只有钢管的 1/5；且易弯曲，在管内插入一段弯弹簧，可以在室温下人工弯曲成型。

PVC 穿线管应用于不同的场所时应选择不同的阻燃等级。

(1) 对于暗敷于墙体内、埋敷于地下不燃烧体内的线管以及农村建筑等普通民房家装用的线管，须采用满足建设部标准 JG3050—1998《建筑用绝缘电工套管及配件》的具有一定的阻燃性能、同时满足物理力学性能要求的 PVC 穿线管。

(2) 对于火灾危险性较高的场所，如宾馆、饭店、商场(大型超市)、图书馆、歌舞厅等公众聚集场所的线路进行穿管保护时，因其顶棚地板内有较多可燃、易燃材料，故应当选用燃烧性能级别较高的阻燃 PVC 穿线管。

(3) 对于消防用配电线路、火灾自动报警系统电气线路，应当强制要求使用满足公安部行业标准的阻燃 PVC 穿线管。

(4) 对文物古建筑进行明敷电气线路改造、室内装饰装修和房屋二次装修以及旧、老建筑改造时需采用明敷线路的，必须采用燃烧性能 B1 级以上的阻燃 PVC 穿线管。

2. PC 穿线管

PC 穿线管的材质为聚碳酸酯塑料，是一种高透明、微黄色的热塑性工程塑料，如图 3-15 所示。PC 穿线管综合性能优越且节能环保，透光、抗冲击性强是其最明显的特点及优势。此外，PC 穿线管还具有耐候性好、隔音、隔热、抗老化、电气绝缘性能优良及使用寿命长等特点，其缺点是不耐酸碱。

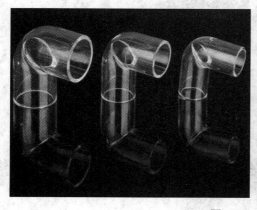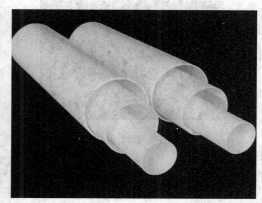

图 3-15　PC 穿线管

3. PE 穿线管

如图 3-16 所示，PE 穿线管是以聚乙烯为主要原料，并加入适当辅助剂经挤出方式加工成型的一种管材，具有耐腐蚀、抗冲击、机械强度高、使用寿命长、电气绝缘性能优良等特点，可广泛应用于埋地高压电缆、路灯电缆保护套管等领域。

图 3-16　PE 穿线管

PE 穿线管具有以下优异的性能：

(1) 刚柔兼备。PE 穿线管既具有良好的刚性、强度，又有很好的韧性，便于管道的安装。

(2) 耐腐蚀，使用寿命长。相比于金属穿线管，PE 穿线管可耐多种化学物质，埋地时不受土壤腐蚀的影响，尤其适应于在湿度较大的沿海地区作为电力电缆保护套管使用。

(3) 韧性、挠度好。PE 穿线管是高韧性管材，其断裂伸长率可超过 500%，埋地使用时应对不均匀的地面沉降和错位的能力非常强，抗震性好。

(4) 绝缘性能优良，线缆运行安全可靠。

(5) 管壁光滑，摩擦系数小，穿缆容易，施工效率高。

(6) PE 穿线管重量轻，维修和施工方便。

4. 塑料波纹穿线管

塑料波纹穿线管的材质分为 PE(聚乙烯)、PP(聚丙烯)和 PA(尼龙)三种，如图 3-17 所示。塑料波纹穿线管一般具有如下特点：耐老化，使用寿命长；柔韧轻便，抗压耐磨，防水防油，具有超强耐腐蚀性，可有效保护线路；耐高温和低温。

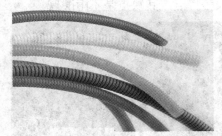

(a) PE 塑料波纹穿线管　　　　　　　(b) PP 塑料波纹穿线管

(c) PA 塑料波纹穿线管

图 3-17　塑料波纹穿线管

3.3.2　金属类穿线管

金属类穿线管一般分为碳素钢穿线管、金属蛇皮管两种。

1. 碳素钢穿线管

碳素钢是含碳量在 0.0218%～2.11%之间的铁碳合金，一般还含有少量的硅、锰、硫、磷。一般来说，碳素钢中含碳量越高，则硬度越大，强度也越高，但塑性也会随之降低。如图 3-18 所示，碳素钢穿线管耐磨损，耐腐蚀，强度高，不易变形，美观平整，是工业与民用建筑、相关机器设备等电气安装工程中用于保护电线的钢管。

图 3-18　碳素钢穿线管　　　　　图 3-19　不锈钢蛇皮管　　　　　图 3-20　包塑金属蛇皮管

2. 金属蛇皮管

金属蛇皮管包括镀锌蛇皮管、不锈钢蛇皮管(见图 3-19)、包塑金属蛇皮管(见图 3-20)。

(1) 镀锌蛇皮管采用镀锌的钢带制成，耐腐蚀，不易生锈，使用寿命长，内部平滑，易穿线安装固定。

(2) 不锈钢蛇皮管材质为 304 不锈钢或 301 不锈钢，用作电线电缆、自动化仪表信号的电线电缆保护管，规格从 3 mm 到 150 mm 不等。超小口径的不锈钢穿线管主要用于精密光学尺的传感线路保护、工业传感器线路保护。

(3) 包塑金属蛇皮管是指在金属蛇皮管的外层包裹一层 PVC 塑料，使得外观黑亮有光泽，同时还可起到阻燃、绝缘、耐高温、耐磨损和耐腐蚀的作用。

金属蛇皮管重量轻，耐磨损，具有良好的伸缩性；抗拉性好，抗压性强，不易折断；具有极佳的柔软性和弯曲性，可以朝任意方向弯曲并维持一个固定的形状，适用于事先难以设定具体路径的布线。

3.3.3　陶瓷类穿线管

陶瓷类穿线管可分为陶瓷穿线管和玻璃纤维套管两种。

1. 陶瓷穿线管

如图 3-21 所示，陶瓷穿线管是用陶瓷为材质制造的穿线管，具有十分优良的绝缘性和抗腐蚀性，不易老化。由于陶瓷穿线管抗压性较差，不适宜制作成过长或过大的部件，所以陶瓷穿线管一般是小部件，多用于电器绝缘。

图 3-21　陶瓷穿线管

2. 玻璃纤维套管

玻璃纤维套管是用无碱玻璃纤维纱编织成套管，然后经过高温处理，涂以有机硅树脂、硅橡胶制成的，如图 3-22 所示。玻璃纤维套管本身具有极佳的电气绝缘性、耐热性、耐蚀性、抗老化性以及散热性，又因具有优良的柔软性及弹性，在零下 50℃低温亦能保持其柔软性，不会减损其电气绝缘性，适用于家用电器、电机、耐热电器等产品的电线绝缘保护。

图 3-22　玻璃纤维套管

按照涂覆的物质不同，玻璃纤维套管分为硅树脂和硅橡胶玻璃纤维套管；根据胶层涂覆位置的不同，玻璃纤维套管分为内胶外纤和内纤外胶玻璃纤维套管。

内胶外纤玻璃纤维套管由硅橡胶挤出，然后在外面编织玻璃纤维，耐高温等级为 H，阻燃；内纤外胶玻璃纤维套管由玻璃纤维编织成套管后挤覆固体硅橡胶而成，耐高温等级为 H，阻燃。

3.4　接线端子

接线端子是实现高效快捷连接导线的一种电气配件，属于连接器的范畴。部分接线端子在某些场合已成为替代电工胶布的一种手段。

如果两根导线有时需要连接，有时又需要断开，就可以用接线端子把它们方便地连接起来，而不必焊接或者缠绕在一起，同时也便于部分零部件的更换升级。

3.4.1　接线端子的连接方式

接线端子的连接方式是指将导线压接在接线端子的导流条上的方式。接线端子的连接方式有很多种，不同的连接方式赋予了接线端子不同的特点和优势。

1. 螺钉连接

　　螺钉端子的主体一般包括螺钉、可升降式金属框和导流条等。采用螺钉连接方式时，螺丝刀旋紧螺钉，将导线压紧在铜框等金属框内，金属框与导流条相连，从而将三者紧固在一起。这种压接方式也叫作框式压线。如图 3-23 所示，这种端子里的导线与螺钉互相垂直，导线插孔布置在侧面。

图 3-23　螺钉框式压线连接示意图

　　螺钉连接方式除了框式压线外还有板式压线，即以条状金属板代替金属框。如图 3-24 所示，此时螺钉的紧固力不是由螺钉的端部直接传递，而是通过金属板间接传递给导线，连接更简单也更稳定。

图 3-24　螺钉板式压线连接示意图

　　螺钉连接方式的优点是压接面积大，连接可靠，框体牢固耐用；允许流过的额定电流较大，可达 500 A 以上；可连接的导线横截面积也较大，可达 200 mm^2～300 mm^2。

2. 弹簧连接

　　弹簧连接方式是指依靠弹簧钢片的弹力将导线与导流条紧固在一起。根据所使用的弹簧钢片的形状是笼形还是蝶形，弹簧连接又分为回拉式弹簧连接和直插式弹簧连接，如图 3-25 所示。

　　回拉式弹簧连接的弹簧钢片为笼形，如图 3-25(a)所示，插入导线前需要先使用螺丝刀或专门的结构部件推动弹簧钢片，露出足够空隙，再将导线插入；螺丝刀撤出时，回拉式弹簧连接依靠弹簧自身的回拉力将导线压紧在导流片上，实现牢固压接。采用回拉式弹簧连接时，导线的插拔都离不开螺丝刀等工具。回拉式弹簧连接方式允许流过的额定电流可达 100 A 以上，连接的导线截面积可达到 30 mm^2，这两项指标都小于螺钉连接方式。

直插式弹簧连接的弹簧钢片为蝶形，如图 3-25(b)所示。这是一种较新的弹簧连接方式，主体组件包括弹簧钢片、集成式释放杆和导流条。弹簧钢片的形状允许导线可以不受阻碍地直接插入到导流条和弹簧钢片之间，随即被钢片弹力挤压在导流条上，实现导线与导流条的可靠压接；下压释放杆可以释放导线。由于这种连接方式无需工具即可连接导线，即插即用，所以称之为直插式弹簧连接。直插式弹簧连接方式允许流过的额定电流最大只有 50 A 左右，可连接的线缆横截面积只有 10 mm^2，两项指标均小于回拉式弹簧连接和螺钉连接。

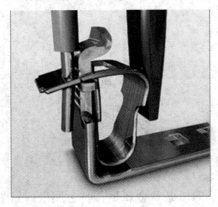

(a) 回拉式弹簧连接示意图　　　　　　　　　(b) 直插式弹簧连接示意图

图 3-25　弹簧连接示意图

弹簧连接属于一种动态的接触技术，实现了连接导线的抗震、气密和长期稳定性；需要使用标准螺丝刀，可以方便地进行正面接线，并且在紧凑的空间下实现可靠的连接。

3. 快速免剥线连接

快速免剥线连接适用于截面积为 0.25 mm^2～2.5 mm^{2}的导线。这种连接方式无需剥线，不用压接，只需切割合适长度的线缆，即可完成连接。

图 3-26 所示为快速免剥线连接件。插入未剥线的导线，只需使用螺丝刀转动合金操作块，数秒内即可切开导线绝缘层，形成大面积气密性连接。

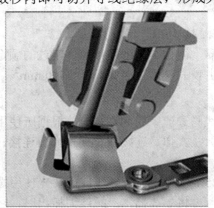

图 3-26　快速免剥线连接示意图

快速免剥线连接方式的优点为：无需预处理导线，片刻就能连接；节省大量的接线时间；连接气密性好，连接质量高。

4. 螺栓连接

螺栓连接件的结构非常简单，只需旋紧螺栓，位于螺栓螺母之间的载流片和导线就能紧密地压接在一起，如图 3-27 所示。

图 3-27　螺栓连接示意图

螺栓连接方式的优点为：接线点压接力量大，接触面积大，能够安全地连接截面积达 240 mm²的导线；每个螺栓端头可以连接多根导线；导线抗拉扯能力强，多用于易受冲击和震动的场合；具有长期的稳定性。

5. 插拔式连接

插拔式快速接线端子连接件由插头和插座两部分组成。插座一般固定在 PCB 板上、轨道中或者墙体(或面板)里。安装时，先用插头将线压紧，然后插入插座中。

在实际应用中，插拔式连接一般不独立存在，往往与其他连接方式一起构成组合式插拔连接，例如插拔式螺钉连接、插拔式回拉式弹簧连接、插拔式直插式弹簧连接以及插拔式快速免剥线连接等多种连接方式。

图 3-28 所示为插拔式连接件常见的结构之一。将易于操作的可插拔连接与牢固通用的螺钉连接方式相结合，使各种零件连接了起来。插座中装有简易弹簧片，提高了插拔连接的气密性和可靠性。

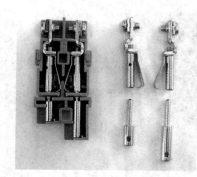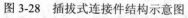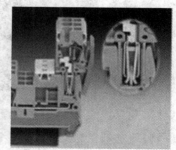

图 3-28　插拔式连接件结构示意图　　　　　图 3-29　COMBI 插拔式连接示意图

还有一种插拔式连接形式称为 COMBI 插拔式连接，如图 3-29 所示，插头与导流片连为一体，插座连接件为 X 型，外侧由弹簧钢片包裹，增强了连接的紧密性和夹持力。图

3-29 所示为 COMBI 插拔式连接与回拉式弹簧连接相组合的端子插头，增强了回拉式弹簧的触点连接，能够满足有剧烈震动环境下的各种要求。

3.4.2 常规的接线端子

随着工业自动化程度的越来越高和工业控制要求的越来越严格、越来越精确，接线端子的使用范围越来越广，而且种类也越来越多。一般来说，接线端子可以分为如下几种类型：

1. 弹簧式接线端子

弹簧式接线端子是指采用笼形弹簧片或蝶形弹簧片进行压线的一种新型接线端子。它构造简单，接线安全快捷，已广泛应用于照明、电梯升降控制、仪器仪表、电源和汽车动力等行业。

回拉式弹簧连接技术是指利用弹簧的回拉力将导线可靠地压在端子中的导流条上，实现导线的电气连接。这种端子被称为回拉式弹簧端子或笼式弹簧端子，如图 3-30 所示。回拉式弹簧接线端子采用新颖的微型回拉式弹簧，即笼式弹片结构，其剖面结构如图 3-31 所示，导线接入和拔出之前均需向下按动推杆。

图 3-30 回拉式弹簧端子　　　　　　图 3-31 回拉式弹簧端子的剖面结构

采用蝶形弹簧钢片的直插式弹簧端子操作较回拉式弹簧端子更为方便，直接插入导线即可连接。如图 3-32 所示，螺丝刀向下压橙色的释放杆时，导线可拔出。

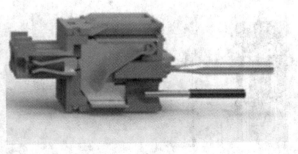

(a) 导线插入　　　　　　　　　　　　　　(b) 导线拔出

图 3-32 直插式弹簧端子示意图

与螺钉压线方式的接线端子相比，弹簧式接线端子在以下几个方面性能出色：

(1) 抗震性更好。螺钉接线端子会由于震动而松动；而弹簧式接线端子由于使用的是弹簧夹持技术，在弹片弹力不变的情况下震动对其没有影响。

(2) 导线插拔方便快捷。导线只需直接插入后回拉即可连接固定，拔线时只需一把螺丝刀。

(3) 阻燃等级高。弹簧式接线端子采用绝缘外壳，阻燃等级高，连接安全可靠。

除了常规的弹簧式接线端子外，根据不同的应用场合，弹簧式接线端子还可分为插拔式弹簧端子和轨道式弹簧端子，如图 3-33 所示。有的弹簧式接线端子还带有检测孔，便于测试。

(a) 插拔式弹簧端子　　　　　　　　　　　　　　(b) 轨道式弹簧端子

图 3-33　两种弹簧式接线端子

轨道交通、风力发电或机械工程等行业中使用的元件通常要求能够承受强烈的震动，要求较高的连接可靠性。弹簧连接(尤其是回拉式弹簧接线方式)能够确保稳定的连接，不受具体应用环境条件的影响，始终在导线上施加相同的力。

2. 轨道式接线端子

如图 3-34 所示，轨道式接线端子又称为导轨式接线端子，是可以安装在导轨上使用的接线端子的统称，也是应用最为广泛的连接器之一，多应用于控制柜中。

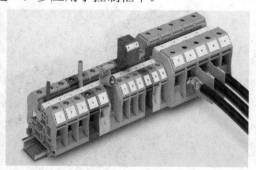

图 3-34　轨道式接线端子

轨道式接线端子的分类有很多种，按照压接方式的不同，可以分为螺钉框式压线、螺钉板式压线、回拉式弹簧压线、直插式弹簧压线等；按照是否可以插拔，可以分为插拔式轨道接线端子和固定式轨道接线端子；按照端子模块的层数，可以分为单层端子、双层端子和三层端子，如图 3-35 所示。

图 3-35　单层、双层和三层端子

　　不同类型、不同型号的接线端子可以通过轨道组装在一起，称作组合式接线端子，如图 3-36 所示。

图 3-36　组合式接线端子

　　轨道式接线端子可通过接入端子中央的固定桥接件或插入腔体的边插式桥接件来实现电位分配。

　　按导线的连接角度，还可将轨道式接线端子分为 45°、90°、135°、180° 等多种规格，如图 3-37 所示。

图 3-37　多角度连接模式

3. 栅栏式接线端子

　　栅栏式接线端子属于 PCB 线路板接线端子，因形似栅栏而得名，大多以黑色为主，也称作黑色端子。栅栏式接线端子结构简单，主要由塑壳、螺丝(含垫片)和焊脚三部分构成，如图 3-38 所示。

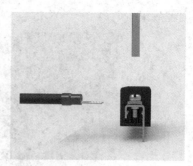

图 3-38　栅栏式接线端子的结构

栅栏式接线端子专为电力应用而设计，并集成了翻盖式透明安全盖，可有效阻隔杂乱或磨损的导线端，以防同一端子座及相邻部件上的位置之间出现电气短路，能够实现安全、可靠、有效的连接，特别是在大电流、高电压的使用环境中。

栅栏式接线端子多配合开关电源使用，如图 3-39 所示。凭借其简单、直观和牢固的结构，栅栏式接线端子广泛应用于 LED 照明、安防监控、变频器、电动机、运动控制、注塑机控制、可编程电源、仪器仪表、传感器控制板等诸多控制电路中。

图 3-39　栅栏式接线端子在 PCB 板中的应用

常见的栅栏式接线端子按照层数主要分为单层和双层结构(如图 3-40 所示)，三层较为少见。

图 3-40　双层栅栏式接线端子

4. 穿墙式接线端子

穿墙式接线端子多应用于箱体、壳体和墙体之间，如电源、滤波器、电气控制柜等。使用过程中，将穿墙式接线端子安装在 1 mm～10 mm 厚的面板上，可自动补偿调整面板厚度。

穿墙式接线端子采用螺栓连接和插拔式连接的组合。如图 3-41 所示，插座贯穿壳体，并用螺栓固定在壳体上；插头与插座采用插拔式连接，同时用螺栓将其固定在插座上，达到抗震效果。

图 3-41　穿墙式接线端子

5. 插拔式接线端子

插拔式接线端子由插头和插座两部分连接而成，使用时先用插头将线压紧，然后插到插座中。其优点是可防止错插，提供安全保障。常见的插拔式接线端子有常规插拔、轨道插拔和弹簧插拔、穿墙插拔三种，如图 3-42 所示。

(a) 常规插拔　　　　　　(b) 轨道插拔和弹簧插拔　　　　　(c) 穿墙插拔

图 3-42　插拔式接线端子

3.4.3　接线端子的选型

接线端子的选型主要考虑以下几点：

(1) 导线的软硬；

(2) 导线的截面积；

(3) 导线的额定工作电流和工作电压；

(4) 导线连接的角度；

(5) 导线安装的位置及空间大小。

3.5　快速接线器

3.5.1　插拔式快速并线器

插拔式快速并线器可以把几根导线并接在一起，简单、便捷、快速，即插即用。无论是两孔、四孔还是六孔的并线器，其内部都是导通的，可通过连通的金属片实现并接。

1. 常见的插拔式快速并线器

如图 3-43 所示为常见的几种插拔式快速并线器，分别为两孔、三孔、四孔及六孔并线器，即一进一出、一进两出、一进三出和一进五出四种类型。

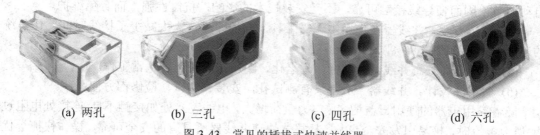

(a) 两孔　　　　　(b) 三孔　　　　　(c) 四孔　　　　　(d) 六孔

图 3-43　常见的插拔式快速并线器

2. 内部结构

如图 3-44(a)所示，插拔式快速并线器外壳一般为环保材质，绝缘、阻燃、透明；内部的金属连接件由合金钢弹簧夹和内嵌的 V 形镀锡纯铜导流片组成，卡接的导线与导流片采用面接触的方式，接触面积大，杜绝接触不良。合金钢弹簧夹抗拉强度高，卡接紧密牢固，耐腐蚀，经久耐用，如图 3-44(b)所示。导流片采用纯铜材质，如图 3-44(c)所示，接触电阻小，电损量少，具有良好的导电性；表面经镀锡处理，具有抗氧化、耐腐蚀的优点。

(a) 外壳　　　　　(b) 弹簧夹　　　　　(c) 镀锡纯铜导流片

图 3-44　连接件内部结构示意图

3. 接线和拆线方法

四孔并线器最多可同时将四根导线并接，具体使用几孔可以根据实际需要来决定，如图 3-45 所示。每个孔可插入不同规格的导线，剥线长度一般为 10 mm～12 mm；剥好导线后直接插入并线器插孔，内部卡簧即可牢牢卡住导线。需要拔出导线时，左右旋转导线同时向外拉便可拔出，如图 3-46 所示，操作简单，可多次重复使用。此外，并线器的进线设计在同一侧，操作更方便、更实用。

图 3-45　四孔插拔式快速并线器的三种接线方法

图 3-46　拆线方法

4. 插拔式快速并线器的优点

插拔式快速并线器具有以下显著优点：

(1) 安全性好。外壳绝缘、阻燃；纯铜导流片与导线接触面积大，电阻小，完全避免了因连接不良、接头电阻大而引发的安全隐患。

(2) 可靠性高。弹簧夹持技术连接可靠，可有效防止脱落。由于紧固力可随导线粗细自动调节，因而使导线接触可靠，不受安装技术的影响，抗震性强，而且免维护。

(3) 操作高效。并线器在使用中无需工具，一插即可，大大减少了接线时间，比传统的连接方式效率提高 80%以上。

(4) 使用寿命长。并线器耐腐蚀，耐老化，耐压，高温下可正常工作。

(5) 实用性设计。并线器一般都设有测试孔，安装、测试、检修都方便。

随着家用电器的使用日益增多，电力负荷增大，电线连接处如接触不良(连接处电阻过大)遇大电流时，极易引发安全事故。插拔式快速并线器所具有的安全可靠、操作快捷等优点使其广泛应用于家装电线接头的连接。

3.5.2　按压式快速接线器

按压式快速接线器是指带有操作手柄的一类快速接线器，可通过按压操作手柄来实现导线与导线之间的连接。

1. 常见的按压式快速接线器

图 3-47 所示为常见的几种按压式快速接线器，从插孔的结构看，有的接线器其插孔是独立仓位，有的接线器其插孔之间是连通的。从进线方式上看，有的接线器设计的是同侧进线，相连接的两根导线在同一侧；有的接线器设计为对侧进线，即相连接的两根导线分布在接线器的两端。

图 3-47　常见的按压式快速接线器

2. 内部结构

按压式快速接线器外壳和内部连接件的材质及特点与插拔式快速并线器相似，外壳一般为绝缘、阻燃的材质，不漏电，不串电；内部的金属导流条一般为镀锡纯铜材质，具有优良的导电性和耐腐蚀性；弹片的材质一般为合金钢，向下按压手柄时会对导线施加较高的压力，如图 3-48 所示。

图 3-48　按压式快速接线器的内部结构

3. 接线方法及测试

接线时，掰开手柄，在相应的接线口插入剥好的导线，然后按下手柄即可连接导线，如图 3-49(a)所示。此时，弹片将导线压紧到导流条的特定区域，导线被较高的压力嵌入到镀锡层表面，可保持长期的抗腐蚀性，在接触区形成气密性连接，使接触电阻长期稳定，如图 3-49(b)所示。

(a) 按下手柄　　　　　　　　(b) 接线完成

图 3-49　接线示意图

连接器的前端一般留有测试孔，接线完成后可用测电笔测电，如图 3-50 所示。

图 3-50　电笔测试孔

3.5.3　大功率免断线 T 型分线器

免断线是指 T 型分线器在连接主线时导线，只需剥皮无需切断。

大功率免断线 T 型分线器由尼龙材质的壳体和加厚的铜制导流体组成。加厚铜制导体的体积和质量均大于普通的铜制接线柱，其上共有两个压线槽，如图 3-51 所示，其中侧面开口用来放置剥皮不断线的主线导线，另一个压线槽用来放置分线导线。与槽体接触的主导线长度可达到 30 mm，接触面积更大；采用双螺丝固定，接触更紧密；导电性能更好，遇大电流不发热。

图 3-51　大功率免断线 T 型分线器

T 型分线器适用于单股硬线、多股软线、多股硬线等多种线型，如图 3-52 所示，允许通过的最大电流可达 60 A，非常适合家庭、工业等各个领域内大功率电器的导线连接。T

型分线器支持一进一出和一进两出两种接线方式，如图3-53所示。

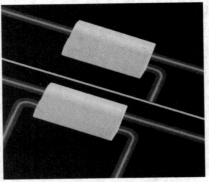

图3-52　T型分线器适用的导线类型　　　　　　图3-53　两种接线方式

3.5.4　T型免剥线快速接线器

如图3-54所示，T型免剥线快速接线器由主线卡座和分线卡套套接而成，呈T型结构。该接线器为硬线连接专用，最大的优势在于主线连接时无需剥线，通过刺穿连接，方便快速，缩短了接线时间。

图3-54　T型免剥线接线器

主线卡座和分线卡套的细节放大如图3-55所示，主线卡座外壳由两个联片组成，可由卡扣卡住；卡座内的金属连接件为镀锡铜片，较为厚实，用来同时连接主线和分线导线，与主线通过卡接、按压刺穿方式连接，与分线通过金属连接件直接插接；分线卡套(见图3-56)为透明材质，方便观察有无导线脱落；主线卡座底部有一长方形槽口(见图3-57)，与分线卡套内的金属连接片的规格一致，便于同分线卡套紧密插接。

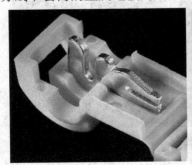

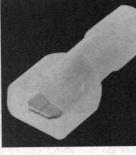

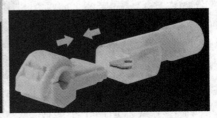

图3-55　主线卡座内部结构　　　图3-56　分线卡套　　　图3-57　主线卡座底部开槽

使用 T 型免接线连线器时，主线连接无需剥线，但分线的连接仍需剥线，具体操作如下：将主线导线放在卡座的凹槽内，扣接两个联片并用钳子钳压，完成主线的连接；将分线导线剥线后插入分线卡套，并用钳子夹紧，完成分线的连接；将分线卡套金属连接片插入主线卡座底部，与主线内的金属片插接紧密，即完成主线与分线的连接。

3.5.5 防水热缩接线器

1. 防水热缩接线器的用途

防水热缩接线器由高透明的含胶双壁热缩管和中间压接的镀锡紫铜裸端子构成，如图 3-58 所示，具有良好的密封防水、绝缘作用。防水热缩接线器广泛应用于各类线缆的连接，尤其是在潮湿、高盐、高腐蚀等恶劣环境中，例如船用电线、潜水泵/钻井电机用电线的连接。

2. 防水热缩接线器的特性

(1) 接线器金属连接件的外部包裹的热缩管遇到高温后会收缩，紧密包裹住导线接头，使得密封防水、抗震性增强。

(2) 内部金属连接件为镀锌紫铜管(见图 3-59)，具有良好的导电性和耐腐蚀性。

(3) 热缩管材不易漏电，降低了电气火灾的风险。

(4) 外形轻巧，两边略微凸起，整体趋向直线型设计，适合狭小空间。

(5) 内部有分隔，使两根导线的插入长度相等。

图 3-58　防水热缩接线器　　　　　图 3-59　防水热缩接线器内部的金属连接件

3. 防水热缩接线器的使用方法

防水热缩接线器软硬线都可以使用，适合线径为 1.5 mm～2.5 mm，操作简单，使用方便。其使用方法如下：

(1) 剥去导线外皮，将金属部分露出 10 mm 左右的两根导线分别插入接线器。

(2) 使用压线钳夹紧中央部位，使两根导线与金属连接件紧密接触，如图 3-60 和图 3-61 所示。

(3) 用热风枪或打火机加热热缩管，使其收缩，紧密包裹住导线，如图 3-62 所示。

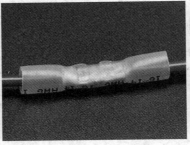

图 3-60　钳夹中央部位　　　　图 3-61　钳夹完成　　　　图 3-62　热缩后

4. 特殊的防水热缩接线器——焊锡环防水热缩接线器

焊锡环防水热缩接线器的结构如图 3-63 所示。与普通防水热缩接线器不同的是，焊锡环防水热缩器在热缩套管的两端增加了防水热熔胶，并且中间压接的金属裸端子改为低温焊锡环，加热即可熔解连接导线。这种特殊的结构设计使得焊锡环防水热缩接线器的密封防水性、抗氧化性、耐腐蚀性和耐高温性都更加优越，广泛应用于电力电子、铁路船舶等领域。

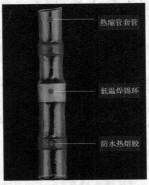

图 3-63　焊锡环防水热缩管

焊锡环防水热缩接线器适用于软线，操作简单，无需压线，将导线插入后，使用加热工具加热即可。

3.6　保　险　丝

保险丝也被称为电流保险丝，IEC127 标准将它定义为熔断体，主要起过载保护作用。当电路发生故障或异常时，伴随着电流的不断升高，可能损坏电路中的某些重要器件，也有可能烧毁电路甚至造成火灾。如果电路中正确地安置了保险丝，那么保险丝就会在电流异常升高到一定的温度和热度的时候，自身熔断，切断电流，从而起到保护电路使其安全运行的作用。

3.6.1　保险丝的分类及主要参数

1. 保险丝的分类

保险丝的分类有很多种，按保护形式可分为过电流保护与过热保护两类。用于过电流保护的保险丝也叫限流保险丝，用于过热保护的保险丝一般被称为温度保险丝。温度保险丝又分为低熔点合金型、感温触发型和记忆合金型等。

按额定电压可分为高压保险丝、低压保险丝和安全电压保险丝。

按分断能力可分为高分断能力保险丝和低分断能力保险丝。

按形状可分为平头管状保险丝(又可分为内焊保险丝与外焊保险丝)、尖头管状保险丝、铡刀式保险丝、螺旋式保险丝、插片式保险丝、平板式保险丝、裹敷式保险丝、贴片式保险丝。

按熔断速度可分为特慢速保险丝(一般用 TT 表示)、慢速保险丝(一般用 T 表示)、中速保险丝(一般用 M 表示)、快速保险丝(一般用 F 表示)、特快速保险丝(一般用 FF 表示)。

按类型可分为电流保险丝(又可分为贴片保险丝、微型保险丝、插片保险丝、管状保险丝)、温度保险丝(又可分为 RH 方块型保险丝、RP 电阻型保险丝、RY 金属壳保险丝)、自恢复保险丝(又分为插件保险丝、叠片保险丝、贴片保险丝)。

2. 保险丝的主要参数

保险丝的参数包括额定电流、额定电压、热熔值、熔断速度、分断能力等，在保险丝的选型中会涉及。

1) 额定电流

额定电流是指标注在保险丝上的额定工作电流，代号是 In。额定电流为保险丝的公称工作电流，即保险丝正常工作所能承载的最大电流。当流过保险丝的电流不超过保险丝的额定电流时，保险丝可正常工作，不会熔化。额定电流必须大于被保护电路的实际工作电流。

2) 额定电压

额定电压是指标注在保险丝上的额定工作电压，代号是 Un。保险丝的额定电压是从安全使用保险丝角度提出的，是指保险丝处于安全工作状态时，所保护的电路的最高工作电压。保险丝只能安置在工作电压小于或等于保险丝额定电压的电路中。只有这样，保险丝才能安全有效地工作；否则，在保险丝熔断时将会出现持续飞弧和被电压击穿而危害电路的现象。

3) 热熔值

热熔值是保险丝熔化所需的能量值。热熔值是保险丝本身的一个参数，由保险丝的设计决定，每种规格的保险丝只有一个额定的公称热熔值。这个参数代表保险丝在受到瞬间冲击时，所能承受的瞬间冲击能力。在确定保险丝的热熔值之前，首先要知道被保护电路可能存在的瞬态冲击能量。被保护电路内瞬时冲击电流的幅值和持续时间所形成的能量应小于所选用保险丝热熔值的 0.22 倍，确保保险丝可承受 10 万次以上瞬时冲击电流。

4) 熔断速度

保险丝分为快熔保险丝(Fast Acting Fuse)和慢熔保险丝(Slow Time Delay Fuse)两种，它们的主要区别在于两者的公称热熔值不同。在标称相同的额定电流和额定电压条件下，慢熔保险丝的公称热熔值要比快熔保险丝大得多。

慢熔保险丝和快熔保险丝的熔断时间差别主要体现在当工作电流达到保险丝标称额定电流的 200%左右时，快熔保险丝的熔断时间一般为几百毫秒，而慢熔保险丝在此条件的熔断时间一般为几秒。但当工作电流达到保险丝标称额定电流的 800%或更大时，两者的熔断时间就没有多大的区别，都要求在几毫秒内断开。该参数特性也体现在保险丝规格书里的时间-电流特性曲线上，快熔保险丝比慢熔保险丝熔断快。

慢熔保险丝能够承受大能量瞬间冲击，通常用在电路状态变化时有较大瞬态电流的感性或容性电路中；快熔保险丝用来保护一些较恒定电流或瞬态冲击电流较小的电路。

5) 分断能力

分断能力的代号是 Ir，又称额定短路容量，即在额定电压下保险丝能够安全分断的最大电流值(交流电为有效值)。保险丝分断时，应确保不发生破碎或爆炸，不引起危险。它是保险丝重要的安全指针。

选择原则为：保险丝所在电路中可能出现的最大短路电流不应超过保险丝的额定分断能力。超过分断能力电流时，就会产生安全危险。

3.6.2　老式家用保险丝

老式家用保险丝俗称软铅丝、熔丝，是一种铅合金，其化学成分是 98%的铅和 0.3%～1.5%的锑，其余为杂质。老式家用保险丝一般与带电极的插头和底座配套使用，如图 3-64 所示。

(a) 外观　　　　　　(b) 插头和底座

图 3-64　老式家用保险丝

老式家用保险丝具有以下特点：

(1) 保险丝熔断时起到切断电流的作用，其中铅的含量越高，保险丝越柔软。

(2) 电极固定于插头的两端，为纯铜材质，接触电阻小，具有良好的导电性，是连接电路与熔体的重要连接件。

(3) 陶瓷插头具有良好的绝缘性、耐热性和阻燃性，在使用中不会产生断裂、变形、燃烧及短路等现象。插头作为保险丝的支架，通过螺丝将保险丝固定，并使三个部分成为刚性整体，便于安装、使用。

(4) 底座也是陶瓷材质。正常使用时，插头插在底座上，底座与电闸相连，属固定装置。需要更换保险丝时，只需拔下插头操作即可。

老式保险丝的额定电流有 3 A、5 A、10 A、15 A、20 A、25 A、30 A、40 A、50 A、60 A 等多种规格可选。

老式保险丝的优点是价格便宜、操作方便，但常因开机或插拔时的浪涌电流而导致不正常烧毁。此外，保险丝熔断时产生的金属熔液和蒸气，对操作人员易造成伤害。

3.6.3 温度保险丝

温度保险丝又叫热熔断器，是在电路中当感应到电器/电子产品非正常运作时便切断回路的一种装置，是不可恢复的、一次性使用的保护元件。

温度保险丝一般安装在发热电器或易发热电器产品中，例如电吹风、电熨斗、电饭锅、电炉、变压器、电动机等中。当电器发生过热故障导致温度超过特定温度点时，温度保险丝便会自动熔断，从而切断电源，保护电器，防止电气火灾的发生。

作为一种用于过热保护的特殊保护装置，温度保险丝可进一步细化为有机物型温度保险丝和合金型温度保险丝两种类型，具体介绍如下：

1. 有机物型温度保险丝

有机物型温度保险丝的外形如图 3-65 所示，为金属外壳，其纵切剖面见图 3-66，主要由可动触点(即剖面图中的星触片)、有机物热熔体(即剖面图中的热敏丸)和弹簧(即剖面图中桶形弹簧和断路弹簧)三部分构成。

工作原理为：有机物型温度保险丝在熔断启动前，内部结构如图 3-66(a)所示，此时固态的热熔体通过压缩弹簧推动可动触点与被密封胶包裹的

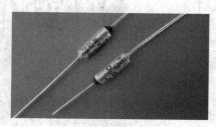

图 3-65　有机物型温度保险丝

独立引线相连，此时电流经独立引线流过可动触点，并经金属外壳流动至另一侧引线，电路正常工作。当外部温度达到预定温度时，如图 3-66(b)所示，有机物热熔体熔化，内部弹簧因失去了压力而向上膨胀，带动可动触点与独立引线分离，回路断开，进而切断可动触点与独立引线间的电流，达到保险熔断的目的。

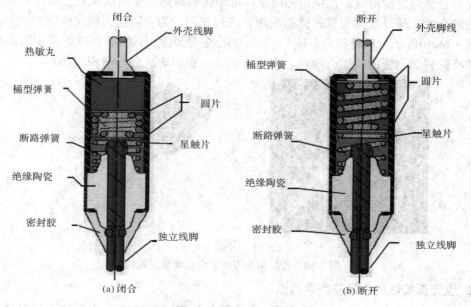

图 3-66　有机物型温度保险丝剖面图

2. 合金型温度保险丝

合金型温度保险丝一般由导线、易熔合金、特殊树脂混合物、外壳以及封口树脂几个部分构成。

工作原理为：周围温度上升时，特殊树脂混合物开始液化；当温度继续上升达到合金熔点时，易熔合金在树脂混合物的促合作用下，表面张力不断增强，迅速收缩成球状向两边分开，分别附着在两引线末端，如图 3-67 所示，从而永久切断回路，确保电路所连接电器设备的安全运行。

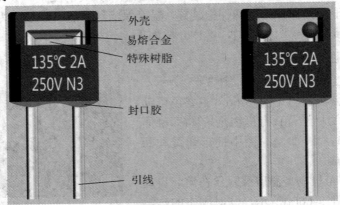

图 3-67　合金型温度保险丝熔断前后示意图

因此，合金型温度保险丝属于非恢复式温度保险丝，供一次性使用。

合金型温度保险丝按照引线的形状又可分为轴向型温度保险丝和径向型温度保险丝，常见的有瓷管型合金温度保险丝和方壳型合金温度保险丝。

瓷管型合金温度保险丝的外形如图 3-68(a)所示，以可熔断性合金作为热敏元件，是轴向导线型合金温度保险丝。在特定温度下，可熔化的易熔合金周围填充了防止其氧化的特殊树脂混合物，最外层陶瓷管外壳起绝缘、密封作用，为保险丝提供绝缘保护。

图 3-68(b)所示为一种径向导线型(方壳型)合金型温度保险丝，保险丝两引脚间连接着一段被特殊树脂包覆的易熔合金丝，电流可以从一根引脚流向另一根引脚。

(a)　　　　　　　　　　　　　　(b)

图 3-68　瓷管型和方壳型合金温度保险丝

3. 温度保险丝的选择及作用特点

选择温度保险丝的形状应该根据被保护器件的形状来决定。比如被保护器件为电机时，通常会选择管型的温度保险丝，因为一般电机的形状为环形，此时可将管型温度保险丝直接塞进线圈的缝隙中，以节省空间的占用，并达到良好的感温效果。如果被保护的器件为变压器，因其线圈为一平面，则应选择方形的温度保险丝，这样可以保证温度保险丝与线圈有更好的接触，以达到较好的保护效果。

温度保险丝不同于限流保险丝，它启动的响应条件为温度而非电流。两者的相同点都是温度过高发生熔断。不同点是温度保险丝熔断时温度高，但电流不一定高；电流保险丝熔断时温度高，电流也一定高。

在常规条件下，温度保险丝在电路上仅作为电源通路使用。在使用期间，若实际电流值低于额定值，则无法触及熔断反应，电路正常运行。只有当电路温度异常或者机械设备运行故障时，温度保险丝才会触发熔断反应并直接切断电源线路，以免线路运行受到故障的不良影响。

3.6.4　自恢复保险丝

保险丝作为电路中的过流、过温保护元件，在电路过流或短路时能迅速熔断，以保护电路的安全。但是常见的保险丝一般为非恢复性保险丝，一旦熔断便不可恢复，只能更换，仅供一次性使用。而自恢复保险丝具有过流保护、自动恢复的双重功能：当应用电路发生短路或过载时，自恢复保险丝能自动"断开"回路；故障排除后，又能自动恢复导通，并且这种"断开—自动恢复"过程可重复数千次。因此自恢复保险丝可以多次重复使用而无需更换。

1. 自恢复保险丝的分类

自恢复保险丝为一种正温度系数热敏电阻，起过流保护作用，可代替电流保险丝。根据使用的材料，自恢复保险丝可分为高分子聚合物(PPTC)和陶瓷(CPTC)两种自恢复保险丝。

PPTC(Polyer Positive Temperature Coefficent，高分子聚合物正温度系数热敏电阻)在习惯上也叫作自恢复保险丝。PPTC 采用高分子有机聚合物作为基体，在高压、高温、硫化反应的条件下，掺加导电粒子材料后，经过特殊工艺加工而成。其电阻特性与开关元件类似，只是响应速度较慢。

PPTC 在正常情况下呈低阻状态(通常阻抗只有几十毫欧姆)，保证了电路的正常工作。当电流急骤增加时，PPTC 温度迅速上升，阻值增加几个数量级，使通过该保险丝的电流瞬间变小到几个毫安，从而达到切断电流、保护电路的目的。当电路中异常电压移去或异常电流消失时，PPTC 会自动恢复到原来的低阻抗状态，电路也自动恢复正常。

CPTC(Ceramic Positive Temperature Coefficent，陶瓷正温度系数热敏电阻)由具有正温度系数特性的钛酸钡粉末经电子陶瓷工艺高温烧结而成，与 PPTC 具有相同的物理特性，具有自恢复性，可多次重复使用。

PPTC 与 CPTC 的不同在于元件的初始阻值、动作时间(对故障事件的反应时间)以及尺寸大小。维持相同电流时，PPTC 高分子自恢复保险丝尺寸更小，阻值更低，同时反应更快。

根据封装形式，自恢复保险丝又可分为引线直插式和贴片式两种，如图 3-69 所示。

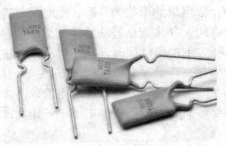

(a) 引线直插式自恢复保险丝　　　　　　(b) 贴片式自恢复保险丝

图 3-69　引线直插式和贴片式自恢复保险丝

此外，自恢复保险丝还可以根据电压分为 600 V、250 V、130 V、120 V、72 V、60 V、30 V、24 V、16 V 和 6 V 等规格。

与 CPTC 相比，PPTC 的应用范围更为广泛，下面重点介绍 PPTC 的工作原理。

2. PPTC 的工作原理

PPTC 是一种高分子聚合物正温度系数热敏电阻，利用材料的正温度系数效应(Positive Temperature Coefficient，PTC)来工作。

正温度系数效应是指材料的电阻随温度的升高而增加，又可分线性和非线性两种。大多数金属材料都具有线性 PTC 效应，表现为电阻随温度增加而线性增加。而某些类型导电聚合物的电阻会在狭窄温度范围内急剧增加，呈现出非线性 PTC 效应。如 PPTC，当温度达到一定值时，其电阻值会显著增加。特别是在开关温度点附近，电阻值跃升有几个至十几个数量级，如图 3-70 所示。因此，自恢复保险丝亦称为聚合物开关，它具有开关特性。

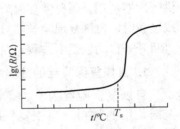

图 3-70　PPTC 的电阻-温度特性

PPTC 由绝缘高分子晶状聚合物及掺入其中的导电粒子(炭黑、碳纤维、金属粉末、金属氧化物等)组成，导电粒子在聚合物中构成链状导电通路。由于聚合物将导电链紧密束缚在晶状结构上，因此常态下 PPTC 的电阻非常低，仅为零点几欧左右。正常情况下，当工作电流通过 PPTC 时所产生的热量很小，不会改变聚合物内的晶状结构，此时电路保持通路。

当发生短路故障时，电流急剧增大，流经导电链上的大电流产生的热量使高分子聚合物基体的温度升高。当温度高于开关温度 T_S 时(如图 3-70 所示)，聚合物基体体积膨胀，聚合物从晶体状变成非晶体状，原本被束缚的导电链便自行分离断裂，切断了导电粒子形成的链状导电通路，PPTC 的电阻值迅速增大几个数量级，将电路中的电流限制到足够小，使电路呈开路状态，从而起到对电路的过流保护作用。这时电路中仍有很小的电流通过，这个小电流能使 PPTC 维持足够温度，使其保持在高阻抗状态。

一旦电路故障排除，聚合物重新冷却结晶，体积恢复正常，导电粒子重新构成导电通路，PPTC 又呈低阻状态，电路再次恢复正常工作。PPTC 在过电流发生时由低阻值向高阻值转变的过程称为动作。正是这种"低阻(通态)—超高阻(断态)"的可持续性转换，才使其能反复使用而无需更换，其保护与恢复过程如图 3-71 所示。该恢复过程通常在十几秒到几十秒之间，面积较大、厚度较小的 PPTC 恢复相对较快，而面积较小、厚度较大的 PPTC

恢复相对较慢。此外，PPTC 的恢复与环境温度和冷却条件也有关。

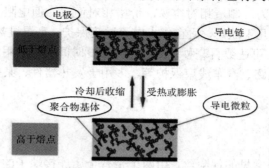

图 3-71　PPTC 工作原理图

需要指出的是，自恢复保险丝也具有 PTC 特性，但与一般的正温度系数热敏电阻 PTC 有着本质区别。PPTC 属于高分子聚合物导体，而 PTC 元件则是由钛酸钡与稀土元素制成的陶瓷材料；PPTC 在常态下的阻值非常低，而 PTC 元件在常温下的电阻值较大，不能作保险丝使用。

3. 自恢复保险丝的应用

自恢复保险丝与传统保险丝之间最大的不同就是开关特性好，可多次重复使用，而且尺寸更小，阻值更低，反应更快。相对于其他过流保护方案，自恢复保险丝既简单又节省维护费用。

自恢复保险丝和普通保险丝一样，应串联在被保护元件的电路中使用；交、直流电源均可，且没有极性之分；可以用作插件，也可以使用表面贴装安装方式。PPTC 自恢复保险丝除了在电流过大时起保护作用外，在温度过高时也具有保护作用，这是因为其自身电阻还受到环境温度的影响。

目前，自恢复保险丝已经广泛应用于各种家用电器和仪器仪表电路中，如通信设备、仪器仪表、汽车电路、音响设备、电池组件、工业控制系统、计算机外围设备等，起过流保护作用。

例如，当电机负载过重，因堵转而造成过热时，很容易烧毁电机。若在直流电机的电源电路中串入自恢复保险丝，即可有效防止电机损坏。此外，电子镇流器常因日光灯管漏气或灯丝短路而损坏，此时只需串联一只自恢复保险丝，就能实现过流保护，大大提高了电子镇流器工作的可靠性。

4. 自恢复保险丝的选择

保险丝作为电路发生故障或异常过流时的保护器件，在选用时过大或过小都会引起安全隐患。如果选用不当，当被保护设备发生短路或过载时，或者损坏被保护设备，或者造成自恢复保险丝发生爆裂，失去其应有的作用。因此，正确地选用自恢复保险丝极为重要。

两种可恢复保险丝各自的优点和使用场合分别介绍如下：

PPTC 的主要优点为：常温零功率电阻，大电流规格产品只有几个毫欧姆，电路功耗较小，可以忽略不计；体积也相对较小；阻值突变速度快，仅为数毫秒；热容小，恢复时间短；耐冲击，可循环保护达 8000 次之多，主要用于小功率电子设备的短路及过载保护。此外，PPTC 可设计性好，通过改变其开关温度(T_S)可以调节其对温度的敏感程度，因而可同时起到过热保护和过流保护的双重作用，可串联在易损电路内，作限流保险丝、温度保险丝用。

　　CPTC 的主要优点为：制造相对容易，价格相对便宜；但电阻大，体积大，电路损耗大，电阻范围为几十至几千欧姆，适宜作小电流过流保护；高温过热时易出现负阻效应(阻值变小)，保护速度慢，可达数百毫秒；热容大，恢复时间长；应用范围相对较窄，如不能应用于需快速保护的电路、汽车线束保护等，多用于发热器件、某些小信号回路以及不需要考虑损耗的场合。

3.6.5　管状保险丝

　　管状保险丝是一类常见的保险丝，由两个带有金属连接端子的管子和管子中的金属熔合而成。

　　按照有无引线，管状保险丝可分为无引线式管状保险丝和引线焊接式管状保险丝两种类型，引线焊接式管状保险丝可以直接焊接在印制电路板或其他电路器件上，减小电路的空间位置。

　　按照外管的材质，管状保险丝可分为玻璃管保险丝与陶瓷管保险丝。金属保险熔丝被密封在陶瓷或玻璃管内，管内填充空气或沙粒。玻璃和陶瓷都是良好的绝缘材料，可以有效避免保险丝融化时金属飞溅到其他器件上，同时还隔绝了高温。

　　陶瓷管保险丝如图 3-72 所示。陶瓷管内填充的石英砂有降温灭弧的作用，熔断过程更安全。

图 3-72　陶瓷管保险丝

　　如图 3-73 所示，玻璃管保险丝内填充的是空气。透过玻璃外管很容易观察保险丝的熔断情况，方便更换保险丝。但是玻璃管材质容易破裂，熔断过程的安全性不如陶瓷管保险丝。

图 3-73　玻璃管状保险丝

　　按熔断时间的不同，管状保险丝又可分为普通管状保险丝、快速熔断管状保险丝及延时熔断管状保险丝。普通管状保险丝的熔断时间较慢，可用于一般要求的过流保护电路中；快速熔断管状保险丝的最大特点是熔断时间短，适用于要求快速切断电路的场合；延时熔断管状保险丝能短时承受瞬态大电流的冲击。

第 3 章习题

一、单选题

1. 导线接头缠绝缘胶布时，后一圈应压在前一圈胶布宽度的(　　)。
   A. 1/2　　　　　　　B. 1/3　　　　　　　C. 1
2. 选用绝缘胶带的宽度为(　　)mm，使用较为方便。
   A. 10　　　　　　　B. 20　　　　　　　C. 30

二、简答题

1. 保险丝有几种不同的分类方法?
2. 什么是保险丝的分断能力?
3. 自恢复保险丝一般可用于什么场合?

第4章 常用电工仪表

4.1 电工仪表概述

常用电工电子仪表的测量对象有电阻、电流、电压、电功率、电能、相位、频率、功率因数、电容、电感、晶体管极性及性能等多种电量和非电量。为了便于测量，可将电工电子仪表按照其用途、工作原理、显示方式等进行分类。

1. 模拟式仪表

模拟式仪表是将被测量转换为仪表可动部分的机械偏转角，借助指针来显示被测量值的仪表，又称为直读式仪表或机械式仪表。模拟式仪表一般功能简单、精度低、响应速度慢。

2. 比较式仪表

用比较法进行测量时常采用比较式仪表或仪器。比较式仪表是将被测量与同类标准量比较度量的仪表，包括直流比较式仪表和交流比较式仪表两类。这类仪表结构复杂、操作麻烦、测量速度较慢，但是精度高。

3. 数字式仪表

数字式仪表是以数码形式直接显示被测量的仪表，可以测量模拟量，也可以测量数字量，还可以以编码形式同计算机一起进行数据处理，达到智能化控制的目的。数字式仪表精度高，响应速度快，读数清晰、直观，测量结果可以打印输出，也容易与计算机技术相结合使用。

4. 自动测试系统

自动测试系统也称为网络化仪器仪表，它以 PC 和工作站为基础，通过组建网络来构成测试系统，不仅能够连续显示，而且能够实时处理大量的测试数据；不仅能提高工作效率，还能实现信息资源共享，已经成为仪器仪表和测量技术发展的方向之一。

下面具体来介绍几种重要的电工仪表。

4.2 钳形电流表

钳形电流表是一种用于测量正在运行的电气线路中电流大小的便携式电工表，它操作简便，适用于"带电"测量交流电流的大小，不影响用电设备的正常工作。

4.2.1　钳形电流表的类型

钳形电流表按其结构分为电磁系和互感器式两种。

1. 电磁系钳形电流表

电磁系钳形电流表可以测量交、直流电流，根据测量显示方式分为指针式(见图 4-1)和数字式(见图 4-2)两种。

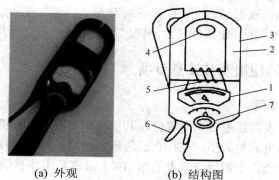

(a) 外观　　　　　　　(b) 结构图

1—电流表；2—电流互感器；3—铁芯；4—被测导线；

5—二次绕组；6—手柄；7—量程选择开关

图 4-1　指针式钳形电流表及结构图

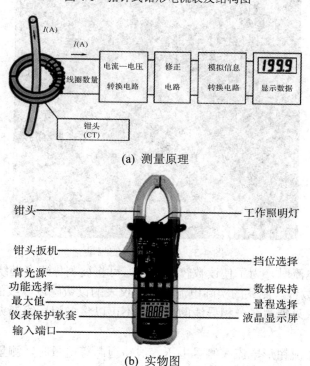

(a) 测量原理

(b) 实物图

图 4-2　数字式钳形电流表

2. 互感器式钳形电流表

互感器式钳形电流表比较常用，但它只能测量交流电流。

互感器式钳形电流表主要由电磁式电流表和穿心式电流互感器组成。穿心式电流互感器的二次绕组缠绕在铁芯上且与电流表相连，它的一次绕组即为穿过互感器中心的被测导线。旋钮实际上是一个量程选择开关，扳手的作用是开合穿心式电流互感器铁芯的可动部分，以便将被测导线钳入其内。

测量电流时，按动扳手，打开钳口，将被测载流导线置于穿心式电流互感器的中间。当被测导线中有交变电流通过时，交流电流的磁通在互感器二次绕组中感应出电流。该电流通过电磁式电流表的线圈，使指针发生偏转，在表盘标度尺上指出被测电流值。

4.2.2　钳形电流表的使用及其注意事项

1. 钳形电流表的使用

(1) 检查钳形电流表指针是否指向零位，若没有指零则应进行机械调零。

(2) 通过估计被测电流的大小，选择合适的量程挡位，一般量程略大于被测电流值。

(3) 将被测载流导线置于钳形电流表的钳口部，钳口紧闭并且保持良好接触，如图 4-3 所示。

图 4-3　钳形电流表的测量

(4) 测量较小电流时，为了使读数较为准确，可将被测导线多缠绕几圈后放入钳口进行测量，以增大读数量。测量的实际电流值等于仪表的读数除以导线的圈数。

(5) 钳形表每次只能测量一相导线的电流，不可以将多相导线都夹入钳形窗口测量，如图 4-4 所示。

(6) 使用交、直流钳形电流表测量电压、线路通断等电量时，测量方法与万用表的使用方法相同，如图 4-5、图 4-6 所示。

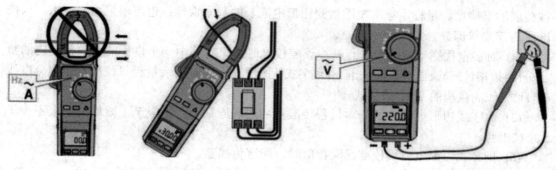

图 4-4 钳形电流表测量电流   图 4-5 交、直流钳形电流表测量电压

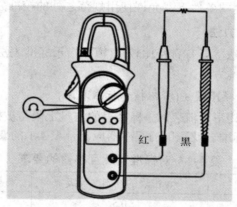

图 4-6 交、直流钳形电流表测量线路通断

2. 钳形电流表使用时的注意事项

(1) 为了避免发生意外触电事故，绝不允许用钳形电流表测量裸导线中的电流，更不允许去测量高压电路中的电流。

(2) 测量完毕后，一定要将仪表的量程开关置于最大位置上，以免下次使用时不慎发生过流，并应将仪表保存于干燥环境中。

(3) 当电缆或供电系统有一相接地时，严禁测量，防止出现因电缆头的绝缘水平低，发生对地击穿爆炸而危及人身安全的情况。

(4) 钳形表测量电流时，对旁边靠近的导线电流也有影响，所以还要注意三相导线的位置应均等。

4.2.3 钳形电流表的校准

1. 钳形电流表校准操作要求

(1) 被校钳形电流表置于校准环境条件下不少于 2 h，以消除温度梯度；同时除制造厂商规定外不允许预热。校准前检查钳口铁芯端面是否清洁干净，并保证两端面接触完好。

(2) 调整被校表零位，被测导线应置于近似钳口几何中心位置，并与电流互感器窗口垂直。

(3) 测量时除被测导线外，其他所有载流导体与被校表之间的距离应大于 0.5 m。根据被校表的准确度、量程、频率校准被测钳形电流表的基本误差；也可根据用户要求，只校准所需或要求部分。

(4) 对多量程钳形电流表进行基本误差校准时，只对其中一个量程的有效范围内的数字分度线(指针式)或已选定的校准点(数字式)进行校准，而对其余量程只校准其上限分度线(指针式)或满量程的 95%(数字式)。

(5) 数字式钳形电流表的基本量程校准点的选取原则为：下限至上限均匀选取不少于 5 个校准点。

(6) 指针式钳形电流表校准读取数值时，应避免视差。

(7) 对每个校准点读数一次。

(8) 在保证校准准确度的条件下，允许使用规范之外的校准方法。

2. 钳形电流表的校准方法

钳形电流表的校准方法主要有直接比较法(模拟指示标准表法)、标准数字表法、用多功能校准器作为标准的校准方法。

1) 钳形电流表校准直接比较法(模拟指示标准表法)

采用直接比较法校准钳形电流表时，标准表的测量上限与被校表的测量上限之比应在 1~1.25 范围内。同时，标准表及配用的互感器应符合表 4-1 的要求。

表 4-1　对标准表及互感器的要求

被校表的准确度等级	标准表的准确度等级	与标准表配用的互感器等级
2.0(2.5)	0.5	0.1
5.0	0.5	0.2

校准时调整被校钳形电流表的零位，如图 4-7 所示连接好线路，使被校表顺序地指示在每个数字分度线(指针式)或已选定的校准点(数字式)上，并记录这些点的实际值，再进行计算。标准表直接校准时按图 4-7(a)接线，标准表与互感器组合校准时按照图 4-7(b)接线。

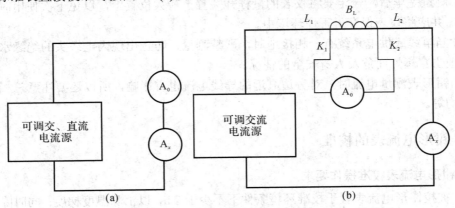

A_0—标准电流表；A_x—被校钳形电流表；B_L—电流互感器

图 4-7　直接比较法的原理图

2) 钳形电流表校准标准数字表法

当校准数字多用表的校准误差小于被校表允许误差的 1/3 时，可采用标准数字表法进行校准。校准原理如图 4-8 所示。采用这种校准方法，必须注意校准电阻的取值。根据被校表所选取的校准点，既要保证回路电流小于校准电阻的额定值，又必须使标准数字表的读数尽量接近其满量程值。由于输入电阻值不是足够大，因而由其引起的附加误差应小于允许误差的 1/5。

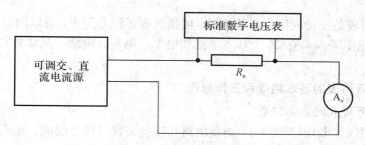

R_n—标准电阻；A_x—被校钳形电流表

图 4-8　标准数字表法校准原理图

操作时标准数字电压表要按说明书的要求进行预热和预调，选择合适的功能和量程。作为交流标准的数字电压表，必须有频率为 50 Hz 的检定结果。

用标准数字法校准钳形电流表时按图 4-8 接线，设测得标准电阻两端电压实际值为 U_n，标准电阻实际值为 R_n，被校表显示值为 I_x，则被校表的基本误差用百分数表示为

$$\gamma = \frac{I_x \dfrac{U_n}{R_n}}{I_m} \times 100\%$$

式中，I_m 为被校表的上限电流值。

3) 用多功能校准器作为标准的校准方法

采用多功能校准器作为标准对钳形电流表进行校准时，多功能校准器必须满足表 4-2 所示的要求。多功能校准器一般采用自动化校准操作模式，根据被检测仪表选择合适的校准点及校准模式，即可对钳形电流表进行校准。

表 4-2　多功能校准器的要求

被校准的准确度等级	1.0	2.0	5
校准器的扩展不确定度	0.25%	0.5%	1.25%
校准器的相对灵敏度	0.05%	0.1%	0.3%
校准器的稳定度	0.1%/30s	0.2%/30s	0.5%/30s
校准器的调节细度	0.1%	0.2%	0.5%

4.3　万　用　表

万用表用途广、量程多。一般的万用表可以用来测量直流电流、直流电压、交流电压、电阻和音频电平等；有些万用表还可以用来测量交流电流、电容、电感及半导体三极管的穿透电流或直流电流放大倍数等参数。

万用表有指针式和数字式两种，在大电流、高电压的模拟电路测量中，适合使用指针

式万用表；在低电压、小电流的数字测量中，适合使用数字式万用表。但上述情况并非绝对，应该根据具体的情况选用。

4.3.1 指针式万用表

指针式万用表是一种应用广泛的模拟、便携式多量程万用表，可以测量交、直流电流，交/直流电压、电阻等，具有 26 个基本量程和电平、电容、电感、晶体管直流参数等 7 个附加参考量程。

1. 指针式万用表的基本组成和工作原理

1）指针式万用表的基本组成

指针式万用表主要由指示部分、测量电路和转换装置三部分组成。指示部分俗称表头，它是一只高灵敏度的磁电式直流电表。万用表的主要性能指标基本上取决于表头的性能。表头的灵敏度是指表头指针满刻度偏转时流过表头的直流电流值，这个值越小，表头的灵敏度越高。测电压时万用表的内阻越大，其性能就越好。测量部分是把被测的电量转换为适合表头要求的微小直流电流，通常包括分流电路、分压电路和整流电路。转换装置也叫转动开关，其作用是选择各种不同的测量线路，以满足不同种类和不同量程的测量要求。不同种类电量的测量及量程的选择是通过转换装置来实现的。指针式万用表的内部电路图如图 4-9 所示。

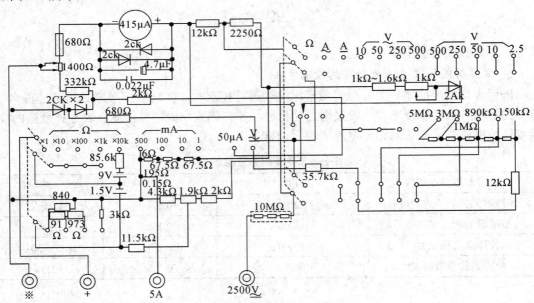

图 4-9 指针式万用表内部电路图

指针式万用表的表盘符号含义如下：

"～"表示交流；"—"表示直流；"V"表示电压，"4000Ω/"表示其灵敏度为 4000 Ω/V；"A-V-Ω"表示可测量电流、电压及电阻；"45-65-1000 Hz"表示使用频率范围为 1000 Hz 以下，标准工频范围为 45 Hz～65 Hz；"2000Ω/VDC"表示直流挡的灵敏度为 2000 Ω/V；"R"表示电阻挡位；"A"表示电流挡位；"HEF"表示晶体管的电流放大倍数。

在指针式万用表型号中，经常使用的是 500 型和 MF-47 型两种类型，其外形分别如图 4-10 和图 4-11 所示。

图 4-10　500 型万用表

图 4-11　MF-47 型万用表

2) 指针式万用表的工作原理

指针式万用表是由电压测量电路、电流测量电路、电阻测量电路和指示装置组成的，测量时依靠转换开关的切换来完成对被测量的测量工作。各个测量电路的工作原理图如图 4-12～图 4-15 所示。

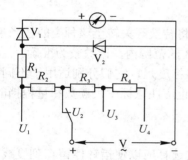

图 4-12　交流电压测量的工作电路

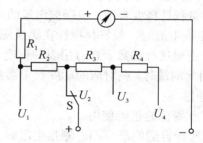

图 4-13　直流电压测量的工作电路

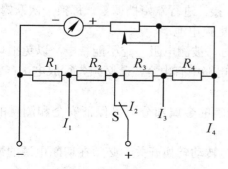

图 4-14　电流测量的工作电路

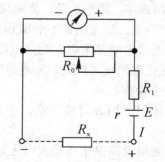

图 4-15　电阻测量的工作电路

2. 指针式万用表的使用方法及其注意事项

1) 指针式万用表的使用方法(基本电量的测量方法)

(1) 直流电流测量。测量 0.05 mA～500 mA 时，将转动开关旋至所需电流挡，测量 5 A

时，转动开关可放在 500 mA 直流电流挡上，然后将表笔串接于被测电路中。

(2) 交、直流电压测量。测量交流 10 V～1000 V 或直流 0.25 V～1000 V 时，将转动开关旋至所需电压挡。测量交直流 2500 V 时，转动开关应分别旋转至交流 1000 V 或直流 1000 V 位置上，而后将表笔跨接于被测电路两端。注意：测量电压或电流时，先将两只表笔碰在一起，看指针是否在"0"位，不在"0"位时，应当先机械调零，保证测量的准确性。

(3) 直流电阻测量。将转动开关旋至所需测量的电阻挡，将两只表笔短接，调整零欧姆调整旋钮，使指针对准欧姆"0"位上(若不能指示欧姆"0"位，则说明电池电压不足，应更换电池)，选择合适的电阻倍率挡位，然后将表笔跨接于被测电路的两端进行测量。表头的读数乘以倍率，就是所测电阻的电阻值。

2) 指针式万用表的使用注意事项

(1) 端钮(或插孔)选择要正确。红色表笔连接线要接到红色端钮上(或标有"+"号插孔内)，黑色表笔的连接线应接到黑色端钮上(或接到标有"－"号插孔内)，有的万用表备有交、直流 2500 V 的测量端钮，使用时黑色表笔仍接黑色端钮(或"－"的插孔内)，而红色表笔接到 2500 V 的端钮上(或插孔内)。

(2) 转换开关位置的选择要正确。根据测量对象将转换开关转到需要的位置上。有的万用表面板上有两个转换开关，一个用来选择测量种类，另一个用来选择测量量程(如 500 型)。使用时应先选择测量种类，然后选择测量量程。

(3) 量程选择要合适。根据被测量的大致范围，将转换开关转至该种类的适当量程上。测量电压或电流时，最好使指针在满量程的 1/2～2/3 的范围内，读数较为准确。

(4) 正确进行读数。在万用表的标度盘上有很多标度尺，它们分别适用于不同的被测对象。因此测量时，在对应的标度尺上读数的同时，也应注意标度尺读数和量程挡的配合，以避免差错。

(5) 欧姆挡的正确使用。

① 选择合适的倍率挡。测量电阻时，倍率挡的选择应以使指针停留在刻度线较稀疏的部分为宜，指针越接近标度尺的中间，读数越准确。

② 欧姆调零。测量之前，将两只表笔短时短接，进行欧姆挡调零。每换一次欧姆挡，要重复这一步骤。如果指针不能调到零位，就需更换电池。

③ 不能带电测量电阻。测量电路中的电阻时，被测电阻一定不能带电，以免损坏表头。为保证正常测量，应先切断电路电源；如果电路中有电容，就必须先行放电。

(6) 安全操作。

① 在使用万用表时要注意，手不可触及表笔的金属部分，以保证安全和测量的准确度。

② 在测量较高电压或较大电流时，不能带电转动转换开关，必须在切断电源的情况下变换量程，否则有可能使开关烧坏。

③ 万用表用完后，最好将转换开关转到交流电压最高量程挡或"OFF"挡，这样对万用表最安全，以防下次测量时疏忽而损坏万用表。

④ 测量高压时，要站在干燥绝缘板上，并一手操作，防止发生意外事故。

4.3.2 数字式万用表

目前，数字式测量仪表已成为主流并且有取代模拟式仪表的趋势。与模拟式仪表相比，数字式仪表灵敏度高、准确度高、显示清晰、过载能力强、便于携带、使用更简单。数字式万用表在结构上增设了电源开关、蜂鸣器，有的还具有电容器容量的测量功能(见图4-16)。数字式万用表测量电阻、电压、电流的方法和指针式万用表的使用方法都相同。

图 4-16　数字式万用表

1. DMM 数字式万用表表盘

数字式万用表的型号不同，表盘标记内容会有差异，仪表的测量功能也有所区别，如图 4-17、图 4-18 所示。

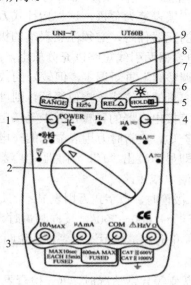

1—自锁型电源开关；

2—功能开关；

3—测量输入插孔；

4—组合功能挡功能选键；

5—显示保持/背光控制键；

6—相对值显示键；

7—频率/占空比显示转换键；

8—自动/手动量程切换键；

9—LCD显示器

图 4-17　UT60B 型 DMM 面板示意图

开关位置	功能说明
V ⎓	直流电压测量
V ∼	交流电压测量
⊣⊦	电容测量
Ω	电阻测量
⯈⊦	二极管测量
♫	电路通断测量
Hz	频率测量
A ⎓	直流电流测量
A ∼	交流电流测量
℃	温度测量(仅适用于UT.58B.C)
hFE	二极管放大倍数测量
POWER	电源开关
HOLD	数据保持开关

图 4-18　UT30B 型 DMM 面板示意图和功能说明

2. UT30B 型数字式万用表的使用

(1) 交、直流电压的测量。根据需要将量程开关拨至 DCV(直流挡)或 ACV(交流挡)的合适量程，红表笔插入 V/Ω 孔，黑表笔插入 COM 孔，并将表笔与被测线路并联，即可显示读数。

(2) 交、直流电流的测量。将量程开关拨至 DCA(直流挡)或 ACA(交流挡)的合适量程，红表笔插入 mA 孔(<200 mA 时)或 10 A 孔(>200 mA 时)，黑表笔插入 COM 孔，并将万用表串联在被测电路中即可。测量直流量时，数字万用表能自动显示极性。

(3) 电阻的测量。将量程开关拨至 Ω 挡的合适量程，红表笔插入 V/Ω 孔，黑表笔插入 COM 孔。如果被测电阻值超出所选择量程的最大值，则万用表将显示"1"，这时应选择更高的量程。测量电阻时，红表笔为正极，黑表笔为负极，这与指针式万用表正好相反。因此，测量晶体管、电解电容器等有极性的元器件时，必须注意表笔的极性。

(4) 测量电容器时，一定要先将被测电容器两引线短路以充分放电，否则会损坏仪表。每改变一次电容测量量程，都要用"零位调整钮"重新调零，但较好的数字式万用表会自动调零。若使用的数字式万用表无测量电容量的挡位或该挡位损坏，则可以用测量电阻阻值的挡位粗略检验电容器的好坏。用红表笔接电容器的正极，黑表笔接电容器的负极，万用表的基准电源将通过基准电阻对电容器充电，正常时万用表显示的充电电压将从低开始逐渐升高，直至显示溢出。如果充电开始即显示溢出"1"，则说明电容器开路；如果始终显示为固定阻值或"000"，则说明电容器漏电或短路。

(5) 使用"二极管、蜂鸣器"挡测量二极管时，数字式万用表显示的是所测二极管的压降(mV)。正常情况下，正向测量时压降显示为"400～700"，反向测量时为溢出"1"。正、反向测量均显示"000"，说明二极管短路；正向测量显示溢出"1"，说明二极管开路。

测量时注意：

(1) 当万用表出现显示不准或显示值跃变等异常情况时，可先检查表内 9 V 电池是否失效。若电池良好，则说明表内电路有故障。

(2) 当误用交流电压挡去测量直流电压，或者误用直流电压挡去测量交流电压时，显示屏将显示"000"或低位上的数字出现跳动。

4.4　兆　欧　表

兆欧表又称绝缘电阻表、绝缘电阻测量仪等，主要用于测量电气设备和线路的绝缘电阻。由于绝缘电阻的阻值很大，仪表的刻度标尺以兆欧(MΩ)为单位，所以叫兆欧表；又因兆欧表最初采用手摇发电机供电，故俗称"摇表"。

绝缘电阻不能用万用表的欧姆挡测量。因为绝缘电阻数值一般较大，达几十兆或几百兆数量级，而在这个范围内万用表欧姆挡刻度不准确。更主要的原因是万用表测电阻时所用的电源电压比较低，而在低电压下呈现的绝缘电阻值不能反映在高电压作用下绝缘电阻的真正数值。本节将对指针式兆欧表和数字式兆欧表进行介绍。

4.4.1　兆欧表的结构及工作原理

1. 指针式兆欧表的结构及工作原理

指针式兆欧表主要是由一个手摇发电机、表头和三个接线柱(即 L—线路端，E—接地端，G—屏蔽端)以及刻度盘、指针、铭牌、使用说明、红色测试夹、黑色测试夹等组件构成的。指针式兆欧表内部接线如图 4-19 所示，外观实物如图 5-20 所示。其常用类型是 ZC 型。

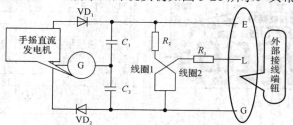

图 4-19　指针式兆欧表内部接线图

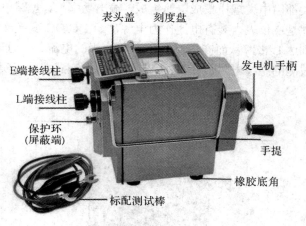

图 4-20　指针式兆欧表实物图

2. 数字式兆欧表的结构及工作原理

数字式兆欧表的整机电路设计以微机技术为核心，将大规模集成电路与数字电路相组合，配有强大的测量和数据处理软件，能够完成绝缘电阻、线路电压等参数的测量，性能稳定，操作简便。数字式兆欧表的实物外形如图 4-21 所示，其显示符号及说明如图 4-22 所示。数字式兆欧表由数字显示屏、测试线连接插孔、背光灯开关、时间设置按钮、测量旋钮、量程调节旋钮等组件构成。

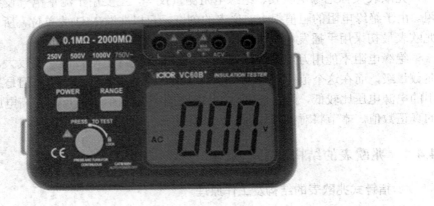

图 4-21　数字式兆欧表的实物外形

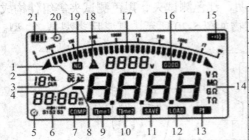

1	直流符号	2	存储数据满符号
3	清零符号	4	交流符号
5	定时器标志	6	进步提示符
7	比较功能标志	8	负极符号
9	定时器1标志	10	定时器2标志
11	数据存储提示符	12	读存储数据提示符
13	极化指数标志	14	单位符号
15	蜂鸣器符号	16	比较功能通过提示符
17	条形图(模拟条)	18	高压提示符
19	比较功能不通过提示符	20	适配器符号
21	电池标志		

图 4-22　某数字式兆欧表的显示屏、显示符号及说明

数子式兆欧表大都由中大规模集成电路组成，输出功率大，短路电流值高，输出电压等级多。它的工作原理是：仪表内装有电池作为电源，经 DC/DC 变换产生的直流高压，由 E 极流出经被测物体到达 L 极，从而产生一个从 E 到 L 极的电流，经过电流/电压变换、除法器完成运算直接将被测的绝缘电阻值由 LED 显示出来。数字式兆欧表实物图如图 4-23 所示。

图 4-23　数字式兆欧表实物图

4.4.2　兆欧表的正确使用

1．兆欧表的选用原则

1) 额定电压等级的选择

选择额定电压等级主要是选择兆欧表的电压及测量范围。高压电气设备的绝缘材料要求耐压高，必须选用电压高的兆欧表进行测量；低压电气设备内部绝缘材料所能承受的电压不高，为保证设备安全，应该选择电压低的兆欧表。

一般情况下，额定电压在 500 V 以下的电气设备，应选用 500 V 的摇表；额定电压在 500 V 以上的电气设备，应选用 1000 V～2500 V 的摇表；瓷瓶、母线、刀闸等应选用 2500 V 以上的兆欧表。ZC-500 型兆欧表中，500 表示兆欧表的额定电压为 500 V。测大容量的被测物体时应选用短路电流大的兆欧表，测量出的数据才会更稳定。表 4-3 所示为线路绝缘电阻的测量选择。

表 4-3　兆欧表线路绝缘电阻的测量选择

电压等级	选用摇表
35 kV 以上	5000 V
1000 V 以上	2500 V
1000 V 以下	1000 V
不足 500 V	500 V
220 V	250 V
二次回路	1000 V/500 V

2) 电阻量程范围的选择

指针式兆欧表的表盘刻度线上有两个小黑点，小黑点之间的区域为准确测量区域。所以在选表时应使被测设备的绝缘电阻值在准确测量区域内。数字式兆欧表按照估测电阻值选择量程。如图 4-24 所示为指针式兆欧表的表盘。

2．指针式兆欧表的使用方法

1) 使用前的准备工作

(1) 校表。

将兆欧表水平放置，在未接上被测物之前，摇动手柄，使发电机达到额定转速(120 r/min)，这时指针应当指在标尺的无穷大处(开路实验)；再将仪表的"L"和"E"接线桩直接短接，缓慢摇动发电机手柄，看指针是否指到"0"处(短路实验)。符合上述条件即说明仪表良好，否则不能使用。

图 4-24　指针式兆欧表与表盘

(2) 被测物理量的处理。

① 测量前必须切断被测设备的电源，将设备的导电部分接地短路放电，以保证安全，从而获得正确的测量结果。

② 用兆欧表测量过的设备或大电容设备还要进行接地放电，方可进行再次测量。

③ 为了获得正确的测量结果，被测设备的测试点应擦拭干净。

2) 指针式兆欧表的使用方法

(1) 放置。

必须将兆欧表水平放置于平稳牢固的地方，以免在摇动时因抖动和倾斜产生测量误差。

(2) 正确接线。

兆欧表有三个接线桩："E"(接地)、"L"(线路)和"G"(保护环或屏蔽端子)。保护环"G"的作用是消除表壳表面"L"与"E"接线桩间的漏电和被测绝缘物表面漏电的影响，只有被测物体表面严重漏电时才与被测物的保护环连接。在测量电气设备对地绝缘电阻时，"L"用单根导线接设备的待测部位，"E"用单根导线接设备外壳。测电气设备内两绕组之间的绝缘电阻时，将"L"和"E"分别接两绕组的接线端。测量电缆的绝缘电阻时，为消除因表面漏电产生的误差，"L"接线芯，"E"接外壳，"G"接线芯与外壳之间的绝缘层。

(3) 正确读数。

① 匀速摇动发电机，转速维持在 120 r/min 左右，允许±20%变化，大约持续 1 min 以上，待指针稳定后再读数。

② 遇到含有大容量电容器的被测电路，应持续摇动一段时间，待电容器充电完毕，指针稳定后再读数。

③ 摇动中，若出现指针指向"0"处，则说明被测设备有短路现象，应立即停止摇表，防止过电流烧毁线圈。

(4) 动力线路对地绝缘电阻的测量。

将兆欧表接线桩"E"可靠接地，接线桩"L"与被测线路连接。按顺时针方向由慢到快摇动兆欧表的发电机手柄约 1 min，待兆欧表指针稳定后读数。这时兆欧表指示的数值就是被测线路的对地绝缘电阻值，单位是兆欧，如图 4-25 所示。

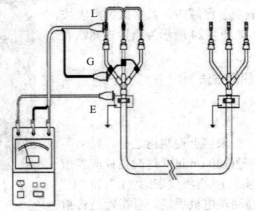

图 4-25　使用兆欧表测量绝缘电阻的接线示意图

3) 使用注意事项

(1) 兆欧表测量时应放在水平位置，并用力按住兆欧表，防止在摇动中晃动，摇动的转速为 120 r/min。

(2) 兆欧表测量引线应采用单股多芯绞线分开单独连接，且要有良好的绝缘性能，不能使用双股绝缘线，以免绝缘不良，造成测量数据的不准确。

(3) 兆欧表测量完毕，应立即对被测物放电，在摇表的摇把未停止转动和被测物未放电前，不可用手去触及被测物的测量部分或拆除导线，以防触电。

(4) 禁止在雷电时或高压设备附近测绝缘电阻，只能在设备不带电、也没有感应电的情下进行测量。

(5) 完成大电容器设备的绝缘测试后，应在不停止发电机转动(降低手柄转速)的情况下拆除接地端导线，然后停止发电机的转动，以防止电容放电而损坏兆欧表。同时应对被测物体充分放电，以免造成伤害。

(6) 定期校验兆欧表准确度。

3. 数字式兆欧表的使用方法

1) 测量前的准备

(1) 按下 ON/OFF 键 1 s 开机，开机时预设为测试电压 500 V、绝缘电阻连续测量挡。

(2) 当液晶屏左侧电池标记显示仅剩一格时，说明电池几乎耗尽，需要更换电池。在此状态下进行 500 V 和 1000 V 输出电压的测量，准确度将不受影响。但是，如果电池标记为空格，则说明电池电量已到最低极限，必须更换电池。

2) 测量方法

(1) 电压的测量(见图 4-26)。

① 将红测试线插入 "V" 输入端口，绿测试线插入 "COM" 输入端口。

② 将红、绿鳄鱼夹接入被测电路，当测量直流电压时，若红测试线为负电压，则"−"负极标志显示在液晶屏上。

(2) 绝缘电阻的测量(见图 4-27)。

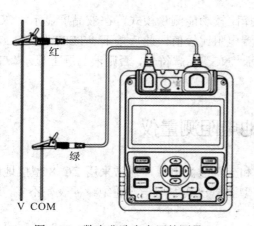

图 4-26　数字兆欧表电压的测量

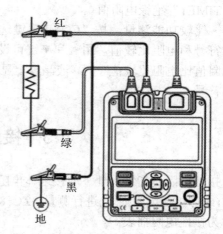

图 4-27　数字兆欧表对绝缘电阻的测量

① 测量时需要注意以下事项：

• 当 100 V 时的测量电阻低于 400 kΩ、250 V 时的测量电阻低于 800 kΩ、500 V 时的测量电阻低于 2 MΩ、1000 V 时的测量电阻低于 4 MΩ 时，测量时间不应超 10 s。按 IR 键设置到绝缘电阻测量挡，无测试电压输出时，按 ▲ 和 ▼ 键选择测试电压(100 V/250 V/500

V/1000 V)。

　　· 在测量绝缘电阻前，待测电路必须完全放电，并且与电源电路完全隔离。将红测试线插入 "LINE" 输入端口，黑测试线插入 "GUARD" 输入端口，绿测试线插入 "EARTH" 输入端口。将红、黑鳄鱼夹接入被测电路，负极电压从 "LINE" 端输出。请勿在高压输出状态下短接两个测试表笔，或在高压输出之后再去测量绝缘电阻，这种不正确的操作极易产生电火花而引起火灾，还会损坏仪表本身。

　　② 绝缘电阻测量模式的选择。

　　· 连续测量。按 "TIME" 键选择连续测量模式，液晶屏上无定时器标志显示，此后按住 "TEST" 键 1 s 能够进行连续测量。输出绝缘电阻测试电压，测试红灯发亮，液晶屏上高压提示符 0.5 s 闪烁。测试完以后，按下 "TEST" 键，关闭绝缘电阻测试电压，测试红灯灭且无高压提示符，液晶屏上保持当前测量的绝缘电值。

　　· 定时器测量。按 "TIME" 键选择定时器测量模式，液晶屏显示 "TIME1" 和定时器标志符号，用 ▲ 和 ▼ 键设置时间(00:10～15:00，1 min 内以 10 s 为步进，以后以 30 s 为步进)，此后按下 "TEST" 键 2 s 能够进行定时器测量，液晶屏上 "TIME1" 标志闪烁 0.5 s。当设定的时间到时自动结束测量，关闭绝缘电阻测试电压，液晶屏上显示绝缘电阻值。

　　· 极化指数测量(能设置到任何时间)。按 "TIME" 键，液晶屏显示 "TIME1" 和定时器标志符号，用 ▲ 和 ▼ 键设置 "TIME1" 时间(00:10～15:00，1 min 内以 10 s 为步进，以后以 30 s 为步进)，再按 "TIME" 键，显示屏显示 "TIME2" "PI" 和定时器标志符号，用 ▲ 和 ▼ 键设置 "TIME2" 时间(00:15～15:30，1 min 内以 10 s 为步进，以后以 30 s 为步进)。此后按下 "TEST" 键 2 s，当 "TIME1" 设定时间到之前，液晶屏上 "TIME1" 标志闪烁 0.5 s，当 "TIME2" 设定时间到之前，液晶屏上 "TIME2" 标志闪烁 0.5 s，在设定时间 "TIME2" 测量结束后，显示屏上显示 PI 值，用 ▲ 或 ▼ 键循环显示极化指数、"TIME2" 绝缘电阻值和 "TIME1" 绝缘电阻值。

　　· 比较功能测量。按 "COMP" 键选择比较功能测量模式，在液晶屏显示 "COMP" 标志符号和电阻比较值，用 ▲ 和 ▼ 键可设置电阻比较值，此后按下 "TEST" 键 2 s，当绝缘电阻值比电阻比较值小时，液晶屏上显示 "NG" 标志符号，否则液晶屏上显示 "GOOD" 标志符号。

4.5　接地电阻测量仪

　　接地电阻是指埋入地下的接地体电阻和土壤散流电阻，通常采用 ZC-8 型接地电阻测量仪(或称接地电阻摇表)进行测量。ZC-8 型测量仪其外形与普通绝缘摇表差不多，所以也被称为接地电阻摇表。

4.5.1　接地电阻测量仪的组成

　　接地电阻测量仪由手摇发电机、电流互感器、滑线电阻及检流计等元件组成，全部工作机构封装在塑料壳内，外有皮壳便于携带；附件有辅助探棒导线等，装于附件袋内。接地电阻测量仪的接线端钮分 3 个和 4 个两种，结构如图 4-28 所示。有 4 个端钮时，应将 "P2"

和"C2"短接或分别接至被测接地体。3 端钮接地电阻测量仪的"P2"和"C2"接线端钮已经在内部短接，所以只引出一个端钮"E"，测量时直接将"E"接至被测接地体即可。端钮的"P1"和"C1"分别接至电压辅助电极和电流辅助电极，辅助电极应按规定的距离和夹角插入地中，以构成电压和电流辅助电极。为扩大仪表的量程，测量仪的电路中接有三组不同的分流电阻，对应可以得到 $0 \sim 1\ \Omega$、$0 \sim 10\ \Omega$ 和 $0 \sim 100\ \Omega$ 三个量程，用于测量不同大小的接电阻值。

(a) 3 端钮接地电阻测量仪

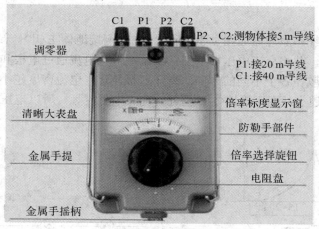

(b) 4 端钮接地测量仪

图 4-28　ZC-8 型接地电阻测量仪

　　测量时，手摇仪表的摇把，使仪表内部的发电机产生一个交变电流的恒流源。当测量接地电阻时，恒流源 E 端和 C 端向接地体和电流辅助电极送入交变电流，该电流在被测体上产生相应的交变电压值，仪表在 E 端和电压辅助电极 P 端检测到这个交表电压值，数据经过电路处理后，显示出被测接地体在所施加的交变电流下的电阻值。

4.5.2　接地电阻测量仪的工作原理

　　电力系统中的接地一般分为三种，即工作接地、保护接地和防雷接地。为了保证人身和设备安全而采用的接地称为工作接地。电气设备在运行中，因各种原因其绝缘可能发生击穿和漏电而使设备外壳带电，危及人身和设备安全，因此一般都要求将电气设备的外壳接地，这种接地称为保护接地。为了防止雷电袭击，在电气设备或输电线路上都装有避雷装置，而这些避雷装置也要可靠接地，这种接地称为防雷接地。在上述接地系统中，接地电阻的大小直接关系到人身和设备的安全。各种不同电压等级的电气设备和输电线路对接地电阻的标准要求在规程中都有相应的规定。如果接地电阻不符合要求，容易形成事故隐患。因此，必须定期测量接地电阻。

1. 接地及接地电阻的概念

所谓接地就是用金属导线将电气设备和输电线路需要接地的部分与埋在土壤中的金属接地体连接起来。接地体的接地电阻包括接地体本身电阻、接地线电阻、接地体与土壤的接触电阻和大地的散流电阻。由于前三项电阻很小，可以忽略不计，故接地电阻一般就指散流电阻。当接地体上有电压时，就有电流从接地体流入大地并向四周扩散，如图 4-29 所示。越靠近接地体，电流通过的截面越小，电阻越大，电流密度就越大，地面电位也越高；离开接地体越远，电流通过的截面越大，电阻越小，电流密度就越小，地面电位也越低。到离开接地体大约 20 m 处，电流密度几乎等于零，电位也就接近于零，所以接地电阻主要就是从接地体到零电位点之间的电阻。它等于接地体的对地电压与经接地体流入大地中的接地电流之比 $R=\dfrac{U}{I}$，对地电压就是电气设备的接地点与大地零电位之间的电位差。

接地电阻测量线路原理图如图 4-30 所示，在被测接地体 E 几十米以外的地方向地中插入辅助接地极 C，并将交流电压加于 E、C 端，将有电流通过电极和大地，从接地体 E 出来的电流路线分散在各个不同的方向，离开 E 极越远，电流密度越小。由于在距接地体 E 越远的地方电阻越小，而距接地体 E 越近的地方电阻越大，所以电压大部分降落在接地体附近的地带。

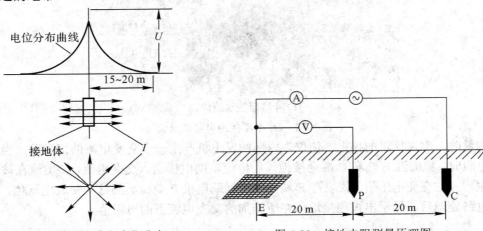

图 4-29　接地电流和电位分布　　　　图 4-30　接地电阻测量原理图

在进行测量时，为了防止外界杂散干扰和把辅助接地极的电阻包括在内，一般采用两个电极，一个是把电流引入地中，称为电流极 C，与被测接地体相距较远；另一个用来测量电压，称为电位极 P，测量时，E、P、C 三极必须在一条直线上。常用的测量接地电阻的方法有很多，可用电流电压表法(即伏安法)、电桥法和接地电阻测量仪法等，尤以第三种最简便，故得到广泛应用。

2. 接地电阻的测量原理

大地之所以能够导电是因为土壤中电解质的作用。如果测量接地电阻时施加的是直流电压，则会引起化学极化作用，使测量结果产生很大的误差，因此测量接地电阻时一般都用交流电源。图 4-31 是用补偿法测量接地电阻的原理电路。图中，E 为接地电极，P 为电位辅助电极，C 为电流辅助电极。E 接接地体，P、C 分别接电位探测针和电流探测针，三者应在一条直线上，间距不小于 20 m。被测接地电阻 R_x 就是 E、P 之间的土壤散流电阻，不包括电流辅助电极 C 的接地电阻。

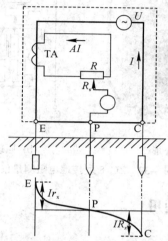

图 4-31　用补偿法测量接地电阻的原理电路及点位分布图

交流电源的输出电流 I 经电流互感器 TA 的一次绕组到接地电极 E，通过大地和电流辅助探针 C 构成闭合回路，在接地电阻 R_x 上形成电压降 IR_x，IR_x 的电位分布如图 4-31 所示。电流互感器 TA 的二次绕组感应电流 kI，经电位器 R 构成回路，电位器左端电压降为 kIR_s。当检流计指针偏转时，调节电位器使检流计指针为零，则此时有

$$IR_x = kIR_s$$

$$R_x = \frac{KI}{I} R_s = kR_s$$

式中，k 是互感器 TA 的变比。可见，被测接地电阻 R_x 的测量值仅由电流互感器变比 k 和电位器的电阻 R_s 决定，而与辅助电极的接地电阻无关。

3. ZC-8 型接地电阻测量仪

接地电阻测量仪又称接地摇表，是专门用于直接测量各种接地装置的接地电阻的可携式仪表。ZC-8 型接地电阻测量仪是按补偿法的原理制成的，内附手摇交流发电机作为电源，其外形和内部原理电路如图 4-32 所示。为了扩大测量仪的量程，电路中接有三组不同的分流电阻 $R_1 \sim R_3$ 和 $R_5 \sim R_8$，用来实现对电流互感器二次电流以及检流计支路的分流。分流电阻的切换利用联动的转换开关 S 同时进行。对应于转换开关的三个挡位，可以得到 0～1 Ω、0～10 Ω、0～100 Ω 三个量程。当转换开关置于 "1" 挡时，$I_2 = I_1$，$k = 1$；当转

换开关置于"2"挡时，$I_2=\dfrac{I_1}{10}$，$k=\dfrac{1}{10}$；当转换开关置于"3"挡时，$I_2=\dfrac{I_1}{100}$，$k=\dfrac{1}{100}$。
电位器的旋钮在测量仪的面板上并带有读数盘，测量时调节电位器使测量仪的指针指零，则被测接地电阻的值为 $R_x=kR_s$。

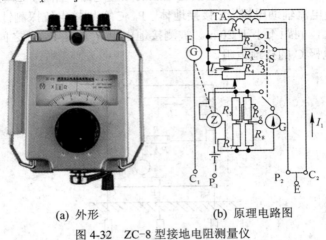

(a) 外形　　　　　　　　(b) 原理电路图

图 4-32　ZC-8 型接地电阻测量仪

4.5.3　接地电阻测量仪的使用

1. 使用方法和步骤

接地电阻测量仪的使用方法和测量步骤如下(见图 4-33)：

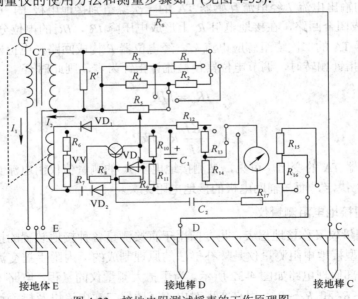

图 4-33　接地电阻测试摇表的工作原理图

(1) 拆开接地干线与接地体的连接点，或拆开接地干线上所有接地支线的连接点。

(2) 将两根接地棒分别插入地面 400 mm 深，一根离接地体 40 m 远，另一根离接地体 20 m 远。

(3) 把摇表置于接地体近旁平整的地方，然后进行接线。

① 用一根连接线连接表上接线桩 E 和接地装置的接地体 E。

② 用一根连接线连接表上接线桩 C 和离接地体 40 m 远的接地棒 C。

③ 用一根连接线连接表上接线桩 P 和离接地体 20 m 远的接地棒 P。

(4) 根据被测接地体的接地电阻要求，调节粗调旋钮(上有 3 挡可调范围)。

(5) 将"倍率开关"置于最大倍率。逐渐加快摇柄转速，使其达到 150 r/min。当检流计指针向某一方向偏转时，随即调节微调拨盘，直至表针居中为止。以微调拨盘调定后的读数，去乘以粗调定位倍数，即被测接地体的接地电阻。例如，微调读数为 0.6，粗调的电阻定位倍数是 10，则被测的接地电阻是 6 Ω。当刻度盘读数小于 1 时仍未取得平衡，可将倍率开关调小一挡，直到取得完全平衡为止。

(6) 为了保证所测接地电阻值的准确，应改变方位重新进行复测，取几次测得值的平均值作为接地体的接地电阻值。

2. 注意事项

(1) 当测量电气设备接地保护的接地电阻时，一定要将被保护的电气设备断开，否则会影响测量的准确性。

(2) 仪表携带、使用时必须小心轻放，避免剧烈震动。

4.6　电　能　表

4.6.1　电能表的分类及铭牌标志

1. 电能表的分类

(1) 按电能表的结构原理分类，可分为感应式电能表和电子式电能表。感应式电能表又称为机械式电能表，电子式电能表包括全电子式电能表和机电式电能表。

(2) 按使用电源的性质分类，可分为直流电能表和交流电能表两种。目前电力系统中使用的大部分是交流电能表。

(3) 按接线方式分类，可分为单相电能表和三相电能表。三相电能表又分为三相三线制电能表、三相四线制电能表。单相电能表主要用于居民用电计量；三相三线制电能表用于中性点非直接接地系统的电能计量；三相四线制电能表则用于中性点有效接地系统的电能计量。

(4) 按用途分类，可分为有功电能表、无功电能表、最大需量电能表、复费率分时电能表、预付费电能表、损耗电能表、多功能电能表、谐波电能表和基波电能表等。

(5) 按准确度等级分类，可分为普通电能表和标准电能表。普通电能表的准确度等级一般为 0.5 或 0.5S、1.0、2.0、3.0 级，标准电能表的准确度等级一般为 0.5 级及以上，如 0.1、0.2 或 0.2S、0.5 级等。标准电能表主要用来对普通电能表进行误差校验。

2. 电能表的铭牌标志及其含义

电能表的铭牌一般标注在外壳面板上，主要包括名称、型号、准确度等级、计量单位、相(线)数、基本电流和最大额定电流、参比电压、参比频率、电能表常数、制造厂名称、出厂编号、制造标准、计量许可证标志等。

1) 电能表的名称、型号及其含义

电能表的型号一般用字母和数字来表示，我国电能表的型号一般按"类别代号＋组别代号＋用途代号＋设计序号＋派生号"的规律来表示。其中用途代号是组别代号中的一种情况。

(1) 类别代号。类别代号一般用 D 表示，即代表"电能表"。

(2) 组别代号。组别代号分两种情况：用来表示相线的主要有，D——单相、S——三相三线、T——三相四线；用来表示用途或结构的主要有，B——标准、S——全电子式、X——无功、Z——最大需量、Y——预付费、F——复费率。

(3) 设计序号。设计序号一般用阿拉伯数字表示。

(4) 派生号。派生号用来表示电能表在使用中应注意的一些附加信息，如：G——高原用，H——船用，T——湿热、干燥两用等。

例如：DB 表示标准电能表，如 DB2 型等；DBT 表示三相四线有功标准电能表，如DBT25 型等。

2) 电能表的常见铭牌标志

图 4-34 所示为单相电能表铭牌标志示意图。

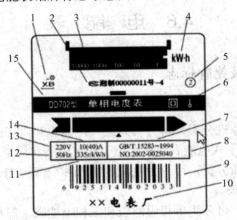

图 4-34　单相电能表铭牌标志示意图

图中标注号含义如下：

4——计量单位名称或符号。如有功电能表为 kW·h(千瓦时)；无功电能表为 kvar·h (千乏时)。

5——准确度等级。准确度等级一般以记入圆圈中的数字表示，如果圆圈中的数字是 2，则表示该电能表的准确度等级为 2.0 级，允许的基本误差应在 ±2%范围内，否则，电能表就不合格。准确度等级有时也用"CL·0.5""CL·1"等形式表示，即分别表示 0.5 级、1 级的电能表。无标志时，单相电能表视为 2.0 级。

6——相数与线数的表示。通常有单相二线有功电能表、三相三线有功电能表、三相四线有功电能表和三相三线无功电能表等。

11——电能表常数。电能表常数是表示电能表记录的电能和相应的转数或脉冲数之间关系的常数，即记录 1kW·h 电能时，电能表铝盘转过的转数或所需的脉冲数。有功电能表以 kW·h/r(imp) 或 r(imp)/kW·h 形式表示，如 1800r(imp)/kW·h；无功电能表以 kvar·h/r(imp) 或 r(imp)/kvar·h 表示，如 1500r(imp)/kvar·h 等。

12——额定频率，又叫参比频率。它是确定电能表有关特性的频率值，表示电能表能适应的系统频率，以 Hz(赫兹)作为单位，我国生产的电能表产品其额定频率均为 50 Hz。

13——额定电压，又称为参比电压。它是表示电能表电压线圈长期承受的电压值。单相电能表的额定电压为所接线路的相电压，故一般标为 220 V；三相三线电能表的额定电压一般用相数乘以线电压表示，如 3×380 V 或 3×100 V(通过电压互感器接入时)；三相四线电能表则以相数乘以相电压/线电压表示，如 3×220 V/380 V。

14——基本电流和额定最大电流。基本电流又叫标定电流，是确定电能表有关特性的电流值，以 I_b 表示；额定最大电流是指电能表能满足其制造标准规定的准确度等级的最大电流值，以 I_{max} 表示。如 10(40) A，即电能表的基本电流值为 10 A，额定最大电流为 40 A。如果是三相电能表，还应在前面乘以相数，如 3×5(20)A。如果额定最大电流小于基本电流的 150%，则只标明基本电流。

15——电能表的名称及型号。如 DD702、DS864 型等。

另外，带有止逆器的电能表，一般用"止逆"两字来标识。

4.6.2　感应式电能表的结构与原理

感应式电能表是利用电磁感应原理工作的。从结构上来说，感应式电能表有单相和三相两类，原理基本相似。下面以单相感应式电能表为例来说明感应式电能表的基本结构、工作原理。

1. 单相感应式电能表的结构

单相感应式电能表主要由驱动元件、转动元件、制动元件、积算机构以及其他一些辅助部分组成。图 4-35 所示为单相感应式电能表的结构示意图。

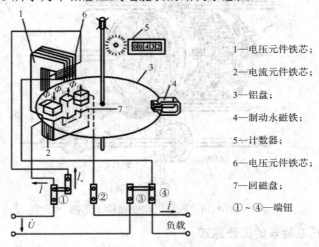

1—电压元件铁芯；

2—电流元件铁芯；

3—铝盘；

4—制动永磁铁；

5—计数器；

6—电压元件铁芯；

7—回磁盘；

①～④—端钮

图 4-35　单相感应式电能表的结构示意图

1) 驱动元件

驱动元件由电压元件和电流元件组成，其作用是产生转动力矩，驱使电能表铝盘转动。电压元件由电压铁芯、电压线圈和回磁极构成，电压线圈与被测电路或负载并联，其导线截面较细，匝数较多(一般为 7000 匝～12 000 匝)，回磁极一般用 1.5 mm～2 mm 的厚钢板冲制而成。电流元件由电流铁芯和绕在铁芯上的线圈构成，其线圈与被测电路或负载串联，其导线截面较粗，匝数较少(一般为 50 安匝～80 安匝，故基本电流或标定电流为 5 A 的电能表，其安匝数一般为 10 匝～16 匝)。电压铁芯和电流铁芯都用硅钢片叠成，但其形状不同。

2) 转动元件

转动元件由可以转动的铝制圆盘和固定转盘的转轴构成。转轴支承在上下轴承中，转盘表面有一些能增加抗拉能力的细小凹点，转盘边缘有一小段用于计读转盘转数的黑色标志。电能表接入电压和电流时，铝盘在驱动力矩的作用下会发生转动。

3) 制动元件

制动元件由永久磁钢及调整装置构成。其作用是在铝盘转动时产生一个制动力矩，该力矩的方向与转动力矩方向相反，这两个力矩平衡时，铝盘能匀速转动且转速和被测电路的功率成正比。

4) 积算机构

积算机构又称为计度器，其结构示意图如图 4-36 所示，它由与转轴装成一体的蜗杆、蜗轮、齿轮和字轮(图 4-36 中未标出)等构成，用来计算铝盘的转数，并将铝盘的转数换算成被测电能的数值后，由字轮显示出来。从字轮前面的窗口读出来的数值是电能表开始使用以来记录的总电量(即累积值)，某一段时间内的电能等于这段时间末的读数减去开始时的读数。

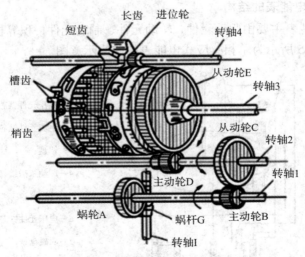

图 4-36　积算机构的结构示意图

2. 单相感应式电能表的工作原理

单相感应式电能表的工作原理如图 4-37 所示。当电能表接入被测电路后，被测电路电压加在电压线圈上，被测电路电流通过电流线圈后，产生两个交变磁通穿过铝盘，这两个磁通在时间上相同，分别在铝盘上产生涡流。由于磁通与涡流的相互作用而产生转动力矩，使铝盘转动。制动磁铁的磁通也穿过铝盘，当铝盘转动时，切割此磁通在铝盘上感应出电流，此电流和制动磁铁的磁通相互作用而产生一个与铝盘旋转方向相反的制动力矩，使铝盘的转速达到均匀。由于磁通与电路中的电压和电流成比例，因而铝盘转动与电路中所消耗的电能成比例，也就是说，负载功率越大，铝盘转得越快。铝盘的转动经过蜗杆传动计数器，计数器就自动累计线路中实际消耗的电能。

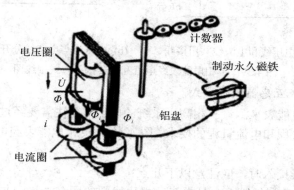

图 4-37 单相感应式电能表的工作原理

4.6.3 电能表的接线方式

1. 单相电能表的正确接线

1) 直接接入方式

图 4-38 为单相电能表直接接入方式接线图，根据单相电能表端子盒内电压、电流端子的排列方法，可分为一进一出接线和双进双出接线两种。目前一般采用一进一出的接线方式。由图 4-38 可以看出，电能表的电压线圈直接与被测电路的电压并联，电流线圈直接与被测电路的电流串联。所以电能表能反映被测电路的电压和电流，即能测量电能的大小。

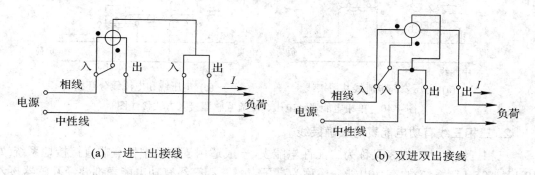

(a) 一进一出接线　　　　　　　　　　(b) 双进双出接线

图 4-38 单相电能表直接接入方式接线图

2) 经电流互感器接入方式

如果电能表的电流量程不够，则可将电流线圈经过电流互感器接入。图 4-39 为单相电能表经电流互感器接入方式接线图。

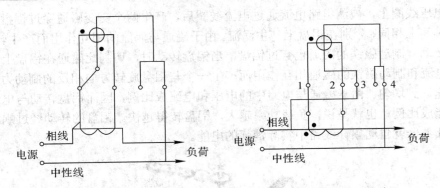

(a) 电压线和电流线共用接线　　　(b) 电压线与电流线分开接线

图 4-39　单相电能表经电流互感器接入方式接线图

3) 经电压、电流互感器接入方式

如果要用单相电能表来测量三相高压系统的电能，往往需要经过电压互感器和电流互感器才能满足电压量程和电流量程的要求。图 4-40 为单相电能表经电压、电流互感器接入方式的接线图。

电能表经互感器接入时，应注意以下几点：

(1) 电流线圈应串到相线上，且电流、电压线圈的同名端均应与电源侧的相线相连，否则可能漏计电量或铝盘反转(俗称倒码)。

(2) 互感器应按减极性原则连接，且电压互感器应接在电流互感器的电源侧，否则电能表多记了电压互感器消耗的电能。

(3) 电压互感器二次侧一般不应装熔断器，否则，当熔断器发生接触不良时会增加电压互感器二次侧电压降，导致计量不准。

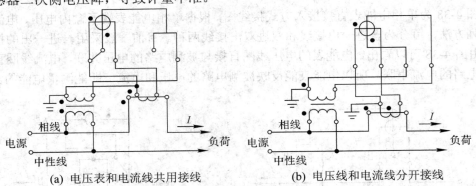

(a) 电压表和电流线共用接线　　　　(b) 电压线和电流线分开接线

图 4-40　单相电能表经电压、电流互感器接入方式接线图

2. 三相三线有功电能表的正确接线

三相三线有功电能表又称为二元件电能表，一般适用于测量中性点非直接接地系统(如 10 kV、35 kV 系统)的有功电能，俗称为高压表。三相三线有功电能表都要经互感器接入被测电路，如图 4-41 所示。图中，两台单相电压互感器采用 V / V 接线方式，两个电流互感器采用分开接线方式，一次侧分别串接在 U、W 相，因为是高压系统，所以互感器二次侧必须可靠接地。

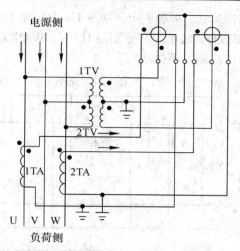

图 4-41 三相三线有功电能表经电压、电流互感器接入方式接线图

3. 三相四线有功电能表的正确接线

1) 直接接入方式

图 4-42 所示为三相四线有功电能表直接接入方式的接线图,这种接线方式一般适用于三相四线制电路中有功电能的测量。

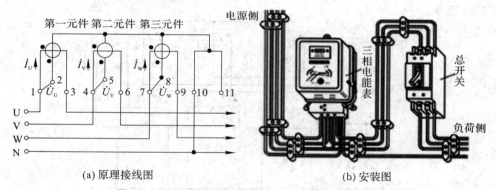

图 4-42 三相四线有功电能表直接接入方式接线图

三相四线电能表接入电路时,应注意以下几点:

(1) 电压、电流应按 U、V、W 正相序接入电能表。

(2) 零线应采用 T 接或叉接法。在图 4-42 中,10、11 号端子是电能表与中性线(零线)相连的端子,中性线与 10 号(也可以是 11 号)接线端子直接相连(实线部分),这种接法称为中性线 T 接或叉接法。如果采用这种接线,在中性点直接接地的三相四线电路中,不论三相电压和电流是否对称,都能准确计量电路的有功电能。相反,如果采用单相电能表零线 "一进一出" 的接线方式,即将电源中性线剪断接入电能表,则可能存在安全隐患。所以,三相四线有功电能表的中性线一定不能剪断接入,而应采用 T 接或叉接法。

2) 经电流互感器接入方式

在低压系统中,如果负荷电流超过 50 A,那么电能表一般采用经电流互感器接入的接线方式,如图 4-43 所示。在图 4-43 中,电能表的 1、4、7 端子分别连接 U、V、W 相电流互感器二次侧的极性端，3、6、9 端子应分别与 U、V、W 相电流互感器二次侧的非极性端相连，2、5、8、10(或 11)接线端子应分别与 U、V、W 相线及中性线相连。因为是低压系统，所以电流互感器二次侧可不接地。

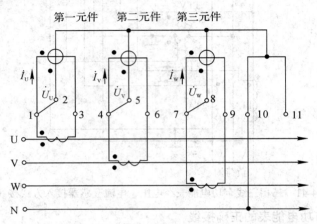

图 4-43　三相四线电能表经电流互感器接入方式接线图

3) 经电压、电流互感器接入方式

要测量高压系统的电能时，三相四线电能表一般经电压、电流互感器接入被测电路，如图 4-44 所示。

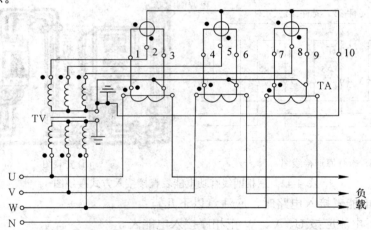

图 4-44　三相四线电能表经电压、电流互感器接入方式接线图

在图 4-44 中，被测电路为高压系统，为了保证安全，电流互感器二次侧必须接地；电压互感器采用 Y_0/Y_0 的接线方式，电能表额定电压一般为 100 V 或 $100/\sqrt{3}$ V。

4.6.4　电子式电能表

电子式电能表的种类较多，下面介绍几种常见的电能表。

1. 常见的电能表

1) 单相预付费电能表

单相预付费电能表与普通单相电能表相比，在结构上增加了微处理器、IC 卡接口、表内跳闸继电器等。用户持卡(IC 卡)到供电管理部门买电后，再将所购电能输入电能表。单相预付费电能表的功能主要有计量功能、预付费功能、显示功能、自检功能、负荷控制功能和功率脉冲输出功能等。

2) 基波电能表

由于各种原因，在电网中除了基波电压和电流外，还会出现各种谐波电压和电流。谐波不但对电气设备、电力用户和通信线路造成了危害，而且也会影响电能表的准确计量。基波电能表能有效地滤掉谐波电量，只计量基波电能。

3) 多功能电能表

所谓多功能电能表，是指除计量有功(无功)电能外，还具有分时、测量需量等两种以上功能，并能显示、储存和输出数据的电能表。此外，多功能电能表还具有时段控制、监视控制及自检、预付费、事件记录、失压失流记录、停电抄表等功能。

4) 防窃电电能表

不同类型的防窃电电能表的功能不尽相同，但很多电能表都具有防电流反向窃电、防短接电流窃电、防"跨接"窃电、防软件窃电等功能。

2. 电子式电能表的基本结构

从实现功能来看，电子式电能表主要由电能计量单元和数据处理单元构成；从结构上来看，电子式电能表主要由电源单元、逻辑单元和时钟单元三部分构成。图 4-45 是全电子式电能表的结构示意图，图中主要包括输入转换电路、乘法器、U/f 转换器、直流电源以及计数、显示、控制电路等部分。

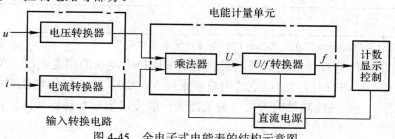

图 4-45 全电子式电能表的结构示意图

3. 电子式电能表的工作原理

电子式电能表是利用电子电路来测量电能的，用分压电阻或电压互感器将电压信号变成可用于电子测量的小信号，用分流器或电流互感器将电流信号变成可用于电子测量的小信号，用专用的电能测量芯片将变换后的电压、电流信号进行模拟或数字乘法，并对电能进行累计，然后输出频率与电能成正比的脉冲信号。脉冲信号驱动步进电动机带动机械计度器显示，或送微机处理后进行数码显示。

4.6.5 电能表的使用

1. 电能表的选择及抄读

1) 电能表的选择

(1) 类型的选择。根据被测电路的电压、接线方式不同选择单相电能表、三相三线电能表或三相四线电能表。根据用电性质、用电类别及计量计费要求选择有功电能表、无功电能表或多功能电能表。

(2) 系列的选择。用于计量单相电路的电量时应选用 DD 系列的电能表,用于计量三相三线制电路的电量时应选用 DS 系列的电能表,用于计量三相四线制电路的电量时应选用 DT 系列的电能表。而且,各系列产品中可优先采用设计序号为 862 系列的电能表,如 DD862、DT862 等。这一系列的电能表具有过载能力强(可达 4 倍)、寿命长、稳定性好的特点。

(3) 准确度等级的选择。根据被测对象的类型、容量选择相应准确度等级的电能表。根据 DL / T448—2000《电能计量装置技术管理规程》的要求,五类电力用户配置的电能表准确度等级见表 4-4。

表 4-4　不同用户电能计量准确度等级配置要求

序号	电能计量装置类型	准确度等级			
		有功电能表	无功电能表	电压互感器	电流互感器
1	I	0.2S 或 0.5S	2.0	0.2	0.2S 或 0.2*
2	II	0.5S 或 0.5	2.0	0.2	0.2S 或 0.2*
3	III	1.0	2.0	0.2	0.5S
4	IV	2.0	3.0	0.5	0.5S
5	V	2.0			0.5S

注: 0.2*电流互感器一般只在发电机出口的电能计量装置中运用。

(4) 额定电压的选择。根据被测电路的电压来选择电能表的额定电压。单相用户选择 220 V 单相电能表,三相四线制供电的用户应采用 3 × 220 V/380 V 的电能表或三只 220 V 的单相电能表,三相三线制供电的用户的电能表一般经过电压互感器接入,故可选用 3 × 100 V 的电能表。

(5) 额定电流的选择。根据被测电路的电流大小来选择电能表的电流量程。

2) 电能表的抄读

(1) 对于直接接入电路的电能表,可从电能表直接读出被测电能的数值。

(2) 电能表上标有 "10×kW · h" "100×kW · h" 等字样,表示应将电能表的读数乘 10 或 100,才是被测电能的实际值。

(3) 如果电能表利用互感器来扩大量程,则应考虑互感器的变比。

2. 电能表的快慢检查

检查电能表是否准确的方法很多,这里主要介绍一种简易的方法即瓦秒法。瓦秒法属于实负荷比较法,可分为定圈测时法和定时测圈法两种。具体方法是:在保持电能表所带负载不变,并且负载的功率已知(设为 P)的条件下,用秒表测量电能表表盘转 N 圈所需要的时间 t,或者测量电能表表盘在时间 t 内转的圈数 N,然后根据计算公式计算电能表误差 γ,根据计算结果便可以判断电能表计量是否准确。

第 4 章习题

一、判断题

1. 电工仪表按结构和用途的不同，主要分为模拟式仪表、比较式仪表、数字式仪表和网络化仪器仪表。
（　　）

2. 钳形电流表是一种用于测量停止运行的电气线路的电流大小的便携式电工表。
（　　）

3. 使用指针式万用表时红色表笔连接线要接到红色端钮上或标有"+"号的插孔内。
（　　）

4. 与模拟式仪表相比，数字式仪表灵敏度高、准确度高、显示清晰、过载能力强、便于携带、使用更简单。
（　　）

5. 使用数字式万用表测量电容器时，一定要先将被测电容器两引线短路以充分放电，否则会损坏仪表。
（　　）

6. 高压电气设备绝缘材料要求耐压高，必须选用电压低的兆欧表进行测量；低压电气设备内部绝缘材料所能承受的电压不高，为保证设备安全，应该选择电压高的兆欧表。
（　　）

7. 安装电能表时，必须注意电压线圈与电流线圈的同名端，否则会造成计量不准。
（　　）

8. 三相三线电能表只能用来测量三相三线系统的对称负荷。（　　）

9. 接地电阻测试仪在使用之前应进行机械调零。（　　）

二、选择题

1. 使用钳形电流表测量三相电动机的一相电流为 10 A，则同时测量两相电流值为（　　）。

A. 20A　　　　　　B. 30A　　　　　　C. 0A　　　　　　D. 10A

2. 电压表的内阻（　　）。

A. 越小越好　　　　　B. 越大越好　　　　C. 适中为好

3. 用万用表测 15 mA 的直流电流，应选用（　　）电流挡。

A. 10 mA　　　　　　B. 25 mA　　　　　C. 50 mA　　　　　D. 100 mA

4. 万用表的转换开关是实现（　　）。

A. 各种测量种类及量程的开关

B. 万用表电流接通的开关

C. 接通被测物的测量开关

5. 交流电流表和电压表测量值指的是（　　）。

A. 最大值　　　　　　B.平均值　　　　　　C.有效值

6. 当万用表的转换开关放在空挡时，则(　　　)。

A. 表头被断开　　　B. 表头被短路　　C. 与表头无关　　D. 整块表被断开

7. 兆欧表在不用时，其指针应停在(　　　)。

A. 零位　　　　　　B. 无穷大位置　　C. 中位置　　　　D. 任意位置

8. 电能表标注的电能表转数为 2400 n/(kW·h)，当用 6 kW·h 的电量时，电度表的转盘应为(　　　)。

A. 4000 转　　　　B. 6000 转　　　　C. 14400 转　　　D. 转数与用电量无关

9. 电能表的额定电流为 5A，配 100/5A 电流互感器，电能表走 30 字，则实际用电量为(　　　)。

A. 30 kW·h　　　B. 150 kW·h　　C. 600 kW·h　　D. 3000 kW·h

10. 一块电能表，额定电流为 10 A，配 100/5A 的电流互感器，电度表走 30 字，则用电量为(　　　)。

A. 30 kW·h　　　B. 600 kW·h　　C. 1200 kW·h　　D. 3000 kW·h

第 5 章　电气火灾及防火技术

电气火灾，一般是指电气线路、供电设备、用电器具以及变配电设备等因故障或其他原因所释放的热能，如高温、电弧、电火花以及非故障性释放的能量，引起自身燃烧或引燃其他可燃物而造成的火灾，如图 5-1 所示。电气火灾在全国所有火灾的起数、火灾损失、人员伤亡数量等方面均占相当大的比例：据统计，2008 年至 2017 年，全国共发生电气火灾 75.39 万起，占到了历年总火灾起数的 30.5%，位居各类可查明火灾原因之首，特别是在 2016 年该比例高达 36.2%；从 1979 年至 2017 年，全国共发生一次死亡 30 人以上火灾 42 起，死亡 3005 人，其中电气火灾 11 起，死亡 866 人，分别占到总火灾起数和总亡人数的 26.2% 和 28.8%。

图 5-1　电气火灾场景

5.1　引发电气火灾的原因

引发电气火灾的原因很多，主要包括漏电、短路、过负荷、接触电阻过大等。

1. 漏电火灾

所谓漏电，就是线路的某一个地方因为某种原因(自然原因或人为原因，如风吹雨打、潮湿、高温、碰压、划破、磨擦、腐蚀等)使电线的绝缘或支架材料的绝缘能力下降，导致电线与电线之间(通过损坏的绝缘、支架等)、导线与大地之间(电线通过水泥墙壁的钢筋、马口铁皮等)有一部分电流通过，这种现象就是漏电。当漏电发生时，漏泄的电流在流入大地途中，如遇电阻较大的部位，会产生局部高温，致使附近的可燃物着火，从而引起火灾。

此外，在漏电点产生的漏电火花，同样也会引起火灾。

2. 短路火灾

电气线路中的裸导线或绝缘导线的绝缘体破损后，火线与零线或火线与地线(包括接地从属于大地)在某一点碰在一起，引起电流突然大量增加的现象就叫短路，俗称碰线、混线或连电。由于短路时电阻突然减少，电流突然增大，其瞬间的发热量也很大，大大超过了线路正常工作时的发热量，并在短路点易产生强烈的火花和电弧，不仅能使绝缘层迅速燃烧，而且能使金属熔化，引起附近的易燃可燃物燃烧，造成火灾。

3. 过负荷火灾

当导线中通过的电流量超过了安全载流量时，导线的温度不断升高，这种现象就叫导线过负荷。当导线过负荷时，加快了导线绝缘层老化变质。当严重过负荷时，导线的温度会不断升高，甚至会引起导线的绝缘层发生燃烧，并能引燃导线附近的可燃物，从而造成火灾。

4. 接触电阻过大火灾

凡是导线与导线以及导线与开关、熔断器、仪表、电气设备等连接的地方都有接头，在接头的接触面上形成的电阻称为接触电阻。当有电流通过接头时会发热，这是正常现象。如果接头处理良好，接触电阻不大，则接头点的发热就很少，可以保持正常温度。如果接头中有杂质，连接不牢靠或其他原因使接头接触不良，造成接触部位的局部电阻过大，当电流通过接头时，就会在此处产生大量的热，形成高温，这种现象就是接触电阻过大。

在有较大电流通过的电气线路上，如果在某处出现接触电阻过大这种现象，就会在接触电阻过大的局部范围内产生极大的热量，使金属变色甚至熔化，引起导线的绝缘层发生燃烧，并引燃烧附近的可燃物或导线上积落的粉尘、纤维等，从而造成火灾。

5.2　电气火灾的预防

1. 易燃易爆场所的火灾预防

为了防止电气火灾事故的发生，首先应当正确地选择、安装、使用和维护电气设备及电气线路，并按规定正确采用各种保护措施。所有电气设备均应与易燃易爆物保持足够的安全距离，有明火的设备及工作中可能产生高温高热的设备，如喷灯、电热设备、照明设备等，使用后应立即关闭。

其次，对于火灾及爆炸危险场所，即含有易燃易爆物、导电粉尘等容易引起火灾或爆炸的场所，应按要求使用防爆或隔爆型电气设备，禁止在易燃易爆场所使用非防爆型的电气设备，特别是携带式或移动式设备；对可能产生电弧或电火花的地方，必须设法隔离或杜绝电弧及电火花的产生。外壳表面温度较高的电气设备应尽量远离易燃易爆物，易燃易爆物附近不得使用电热器具，如必须使用，应采取有效的隔热措施。爆炸危险场所的电气线路应符合防火防爆要求，保证足够的导线截面积和接头的紧密接触，采用钢管敷设并采取密封措施，严禁采用明敷方式。爆炸危险场所的接地(或接零)应高于一般场所的要求，接地(零)线不得使用铝线，所有接地(零)应连接成连续的整体，以保证电流连续不中断，接地(零)连接点必须可靠并尽量远离危险场所。火灾及爆炸危险场所必须具有更加完善的防雷和防静电措施。

此外，火灾、爆炸危险场所及与之相邻的场所，应用非可燃材料或耐火材料构筑。在爆炸危险场所，一般不应进行测量工作，也应避免带电作业，更换灯泡等工作也应在断电之后进行。

2. 静电带电体的火灾预防

预防电气火灾，必须了解和预防静电的产生。静电的产生比较复杂，大量的静电荷积聚能够形成很高的电位。油在车船运输中，在管道输送中会产生静电，在传送带上也会产生静电。这类静电现象在塑料、化纤、橡胶、印刷、纺织、造纸等生产行业是经常发生的，而这些行业发生火灾与爆炸的危险往往很大。如图 5-2 所示为某油库储油罐发生泄露遇静电发生爆燃的现场。

静电的特点是：静电电压很高，有时可高达数万伏；静电能量不大，发生人身静电电击时，触电电流往往瞬间被释放，一般不会有生命危险；绝缘体上的静电泄放很慢，静电带电体周围很容易发生静电感应和尖端放电现象，从而产生放电火花或电弧。静电最严重的危害就是可能引起火灾和爆炸事故。特别是在易燃易爆场所，即使很小的静电火花都有可能带来严重的后果。因此，必须对静电的危害采取有效的防护措施。

图 5-2　油罐泄露遇静电爆燃

对于可能引起事故危险的静电带电体，最有效的措施就是通过接地将静电荷及时释放，从而消除静电的危害。通常防静电接地电阻不大于 100 Ω。对带静电的绝缘体可以采取用金属丝缠绕、屏蔽接地的方法，还可以采用静电中和器。对容易产生尖端放电的部位应采取静电屏蔽措施。对电容器、长距离线路及电力电缆等，在进行检修或试验工作前应先放电。静电带电体的防护接地应有多处，特别是两端，都应接地。因为当导体因静电感应而带电时，其两端都将积聚静电荷，一端接地只能消除部分危险，未接地端所带电荷不能释放，仍存在事故隐患。

凡用来加工、储存、运输各种易燃性液体、气体和粉尘性材料的设备，均须妥善接地。比如运输汽油的油罐车，应带金属链条，链条一端和油槽底盘相连，另一端拖在地面上，如图 5-3 所示，装卸油之前，应先将油槽与储油罐相连并接地。

图 5-3　油罐车尾部接地链条

此外，在油品的灌装过程中还可以安装专门的防静电溢油保护器，如图 5-4 所示。防静电溢油保护器可以将液体转运过程中产生的静电导入大地，也可以通过液位开关和静电接地夹全程自动监测液面的高度和接地状况。当液面灌装升至危险高度时，液位超过报警值则发出声光报警并自动断开灌装系统，以防止液体溢出，确保灌装安全进行。当接地电阻超过规定数值时，发出声光报警，同时输出开关量信号并与第三方设备进行连锁控制，确保油罐车和接地桩之间的有效连接，保证静电的可靠释放。

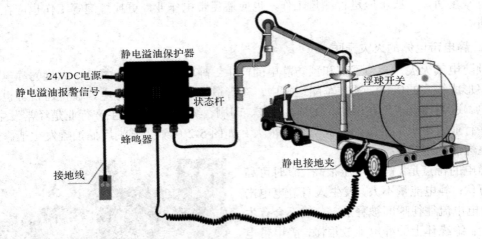

图 5-4　防静电溢油保护器

5.3　常用灭火器材

针对电气火灾，选择使用不导电的灭火器具，包括干粉灭火器、二氧化碳灭火器以及细水雾枪等。

1. 干粉灭火器

干粉灭火器内部装有碳酸氢钠或磷酸铵盐等干粉灭火剂。

碳酸氢钠干粉适用于易燃、可燃液体、可燃气体及带电设备的初期火灾；磷酸铵盐除适用于扑救上述几类火灾外，还可扑救固体类物质的初期火灾，但不能扑灭金属燃烧火灾。

干粉灭火器分为手提式和推车式两种，结构示意图如图 5-5 所示。

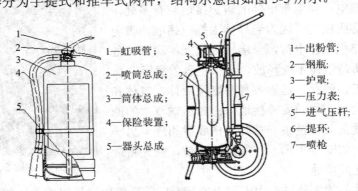

图 5-5　手提式干粉灭火器和推车式干粉灭火器

干粉灭火器的操作要领：手提或肩扛，但不能颠倒、横卧；选择上风向，在距燃烧处5 m 放下后，拔去保险，一手提开启把，一手握喷枪对准火焰根部上下、左右扫射，均匀喷洒在燃烧物表面。

2. 二氧化碳灭火器

二氧化碳灭火器适用于扑灭油类、易燃液体、可燃气体、电器和机械设备的初期火灾。二氧化碳灭火器分为手提式和推车式两种，结构示意图如图 5-6 所示。

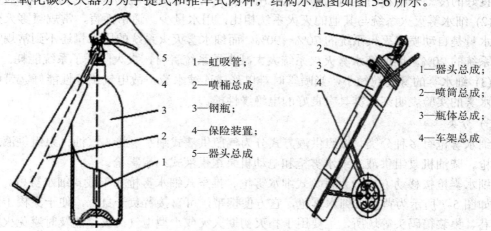

1—虹吸管；
2—喷桶总成
3—钢瓶；
4—保险装置；
5—器头总成

1—器头总成；
2—喷筒总成；
3—瓶体总成；
4—车架总成

图 5-6　手提式二氧化碳灭火器和推车式二氧化碳灭火器

二氧化碳灭火器的操作要领：手提式采用手提或肩扛，不能颠倒、横卧；选择上风向，在距燃烧处 5 m 放下后，拔去保险，一手提启闭压把，手握喷射软喇叭的手柄对准燃烧处由近而远向火焰喷射。使用推车式应两人操作，在离燃烧物 10 m 左右灭火。

注意：手不能抓喇叭口外壁或金属连续管，以防止手被冻伤；不能直接冲击可燃液面；灭火后应迅速撤离，以防窒息。

3. 细水雾枪

细水雾枪是由供液装置、开关阀、枪杆、细水雾喷嘴和水雾喷嘴(可选)等组成，以水为主要喷射介质，能够快速转换并控制细水雾或水雾喷出的喷射管枪。

细水雾枪是以高度雾化的水来实现火灾控制、火灾抑制或火灾扑灭等防火目标的自动消防设备。它起源于 20 世纪 40 年代，但直到 90 年代，由于哈龙气体的淘汰，细水雾枪才作为其主要替代手段而逐步得到推广和应用。此外，细水雾枪还是环境友好型技术装备，在取代二氧化碳、七氟丙烷(HFC-72ea)等温室气体方面也发挥着日益重要的作用。

1) 灭火原理

(1) 冷却。高压细水雾枪的雾滴颗粒直径很小，仅为一般水喷淋产生的水滴直径的1/1700 左右，在汽化过程中，可从火灾燃烧区域或燃烧物表面快速吸入大量的热量。

(2) 窒息。细水雾喷入火场后，迅速蒸发形成蒸汽，体积积聚膨胀，快速降低了氧气的体积百分比，并在燃烧物周围形成一道屏障阻挡新鲜空气进入。随着水雾的迅速蒸发汽化，水蒸气含量迅速增大，同时氧气含量在火源周围迅速降低至16%以下时火焰将被窒息；而火场外非燃烧区域雾滴不汽化，空中氧气含量不变，不会危及人员生命。

(3) 阻碍热辐射。小颗粒水雾在喷射时像一道水雾帘，在吸收燃烧物热量的同时也阻碍了热量向四周的辐射。

细水雾在喷射过程中通过冷却、窒息和阻碍热辐射的综合灭火效应，达到控制火势及扑灭火灾的目的。

2) 灭火方式的优点

(1) 细水雾对人体无害，对环境无影响，不会在高温下产生有害的分解物质，由于它具有良好的冷却作用和明显的吸收烟尘作用，更加有利于火灾现场人员的逃生和扑救。

(2) 细水雾灭火系统与其他的灭火系统相比，用水量少。通常而言，常规喷雾灭火系统用水量是自动喷水灭火系统的 70%～90%，而细水雾灭火系统的用水量还不到常规喷雾灭火系统的 20%，因此细水雾灭火系统大大减少了系统管材，大大降低了系统能耗。

(3) 细水雾的雾滴粒径小，当喷雾时难以形成连续水流，故电气绝缘性能好。带电喷放细水雾的实验表明细水雾具有良好的电绝缘性能。

3) 分类

细水雾枪有多种分类，按照供液方式分为气瓶供液式细水雾枪、汽油机泵组供液式细水雾枪、柴油机泵组供液式细水雾枪和电动机泵组供液式细水雾枪。

细水雾枪按移动方式分为背负式细水雾枪、推车式细水雾枪和车载式细水雾枪。

如图 5-7 所示为背负式细水雾枪，它方便携带，可直接背负于身上，便于穿梭于狭小的窄巷、集装箱码头等场所，主要用于扑灭初期火灾或小型电气火灾，能及时避免火灾的蔓延以及更多人力物力的投入。

图 5-7　背负式细水雾枪

如图 5-8 所示为推车式细水雾枪，是将高压细水雾环保的优势与移动载体相结合的一种灭火装备，它灵活机动，可以作为快速移动的微型消防站使用。

图 5-8　　推车式细水雾枪

4) 操作要领

取出喷枪并与高压软管连接；拉出高压软管，按"启动"按钮，开启灭火装置，一手按下扳机开始喷雾，一手根据实际情况前后推拉喷枪手柄，切换喷雾/喷水，调节喷枪选择适当的喷雾方向进行喷射。

5.4　电气消防安全知识

当发生电气设备火警或邻近电气设备附近发生火灾时，应立即拨打 119 火警电话报警。扑救电气火灾时须注意触电危险，首先应立即切断电源，通知电力部门派人到现场指导扑救工作。夜间断电救火应有临时照明措施。灭火时，应注意运用正确的灭火知识，采取正确的灭火方法。

1. 安全切断电源

切断电源时应有选择，尽量局部断电，同时注意安全，防止触电，不得带负荷拉刀开关或隔离开关。火灾发生后，由于受潮或烟熏，使开关设备的绝缘能力降低，所以拉闸时最好使用绝缘工具。

2. 安全剪断导线

剪断导线时应使用带绝缘手柄的工具，并注意防止断落的导线伤人；不同相线应在不同部位剪断，以防造成短路；剪断空中电线时，剪断位置应选择在靠电源方向的支持物附近。

3. 正确实施灭火

带电灭火时，灭火人员应占据合理的位置，与带电部位保持安全距离。在救火过程中应同时注意防止发生触电事故或其他事故。用水枪带电灭火时，宜采用泄漏电流小的喷雾水枪，并将水枪喷嘴接地，灭火人员应戴绝缘手套、穿绝缘靴或穿均压服操作；喷嘴至带电体的距离应遵循以下规定：10 kV 及以下者不应小于 3 m，220 kV 以上者不应小于 5 m。使用不导电性的灭火剂灭火时，灭火器机体、喷嘴至带电体的距离应遵循以下规定：10 kV 不小于 0.4 m，35 kV 不小于 0.6 m。设备中如果充油，在救火时应该考虑油的安全排放，设法将油、火隔离；电动机着火时，应防止轴和轴承由于冷热不均而变形，并不得使用干粉、沙子、泥土灭火，以防损伤设备的绝缘。

第 5 章习题

一、判断题

1. 发现起火后首先要切断电源。　　　　　　　　　　　　　　　　　　（　　）
2. 电气火灾发生时，当不知道电源开关在何处时，应剪断电线，剪切时注意非同相电线应在相同部位剪断，以免造成短路。　　　　　　　　　　　　　　　　（　　）
3. 用水枪带电灭火时，适宜采用喷雾水枪。　　　　　　　　　　　　　　（　　）

4. 使用普通的直流水枪灭火时，可将水枪喷嘴接地，也可以让灭火人员穿戴绝缘手套和绝缘靴或均压服工作。　　　　　　　　　　　　　　　　　　（　　）

二、单选题

1. 用水枪带电灭火时，适宜采用（　　）。

A. 喷雾水枪　　　　　　B. 普通直流水枪　　　　　　C. 任意选择

2. 火灾发生后，由于受潮或烟熏，开关设备绝缘能力降低，因此拉闸操作应尽可能使用（　　）。

A. 劳防用品　　　　　　B. 绝缘工具　　　　　　C. 穿绝缘鞋

3. 电缆沟内的油火只能用（　　）灭火器材扑灭。

A. 二氧化碳　　　　　　B. 干粉　　　　　　C. 泡沫覆盖

4. 运输液化气、石油等的槽车在行驶时，在槽车底部应采用金属链条或导电橡胶使之与大地接触，其目的是（　　）。

A. 泄露槽车行驶中产生的静电荷

B. 中和槽车行驶中产生的静电荷

C. 使槽车与大地等电位

第 6 章 防爆防雷技术

电气爆炸在火灾和爆炸事故中占有很大比例。在许多地方，电气爆炸引起的火灾已成为火灾的第一原因，电气爆炸火灾占全部火灾的 20% 以上，比例相当大，而且火灾和爆炸可以造成重大经济损失，同时伴随着人员伤亡和设备毁坏。因此，学习电气防爆知识是非常有必要的。

6.1 电 气 防 爆

在极短的时间内释放大量的热和气体，并以巨大的压力向四周扩散的现象称为爆炸。爆炸过程中产生的热能也伴随或引发燃烧现象，从而导致火灾。

6.1.1 引起爆炸的条件

发生火灾和爆炸有两个必备条件：一是环境中存在足够数量和浓度的可燃性易爆物质；二是要有引爆的能源(火源)，如明火、电火花。防火防爆应着力于排除这两个危险因素。

电气设备本身，除多油断路器可能爆炸，电力变压器、电力电容器、充油套管等充油设备可能爆裂外，一般不会出现爆炸事故。以下情况可能引起空间爆炸：

(1) 周围空间有爆炸性混合物，在危险温度或电火花作用下引起空间爆炸。

(2) 充油设备的绝缘油在电弧作用下分解和汽化，喷出大量油雾和可燃气体，引起空间爆炸。

(3) 发电机氢冷装置漏气、酸性蓄电池排出氢气，形成爆炸性混合物，引起空间爆炸。

6.1.2 电火花和电弧

电气火灾与爆炸的原因很多，除了由于设计和施工原因，造成设备缺陷、安装不当发生火灾外，电火花或电弧是直接原因之一。

1. 电火花、电弧的产生

电火花是电极间的击穿放电，电弧是由大量的电火花汇集而成的。电火花和电弧是引起火灾、甚至爆炸的直接原因之一。

2. 电火花、电弧的危险性

一般电火花的温度很高，特别是电弧，温度可高达 6000℃，因此，电火花和电弧不仅能引起可燃物燃烧，还能使金属熔化、飞溅，构成危险的火源。如果在有爆炸危险的场所，电火花和电弧更是引起火灾和爆炸的一个十分危险的因素。

3. 电火花的分类

在生产和生活中，电火花是比较常见的。电火花大体分为工作电火花和事故电火花。

工作电火花：电气设备正常工作时或正常操作过程中产生的火花。如开关或接触器开、合时的火花，插销拔出或插入时的火花，直流电机电刷与换向器滑动接触处、交流电机电刷与集电环滑动接触处电刷后方的微小火花等。

事故电火花：线路或设备发生故障时出现的火花。如电路短路或接地时出现的火花、绝缘损坏时出现的火花、导线连接松脱时的火花、保险丝熔断的火花、过电压放电火花、静电火花等。灯泡破碎时，炽热的灯丝也有类似火花的危险作用。

6.1.3　危险物质和危险环境

1. 危险物质

爆炸性物质、可燃气体、可燃液体、自燃物质、遇水燃烧物质、易燃固体、氧化剂等都属于有爆炸和火灾危险的物质。

(1) 危险物质的定义：在大气条件下，能与空气混合形成爆炸性混合物的气体、蒸气、薄雾、粉尘或纤维。

爆炸性混合物是指一经点燃就能极为迅速地传播燃烧的混合物。

(2) 爆炸危险物质分为以下三类：

Ⅰ类：矿井甲烷。

Ⅱ类：爆炸性气体。

Ⅲ类：爆炸性粉尘、纤维。

(3) 危险物质的性能参数：闪点、燃点、引燃温度、爆炸性极限、最小点燃电流比、最大试验安全间隙、蒸气密度。

① 闪点：在规定条件下，易燃液体能释放出足够的蒸气并在液面上方与空气形成爆炸性混合物，点燃时能发生闪燃(一闪即灭)的最低温度。闪点越低，危险性越大。

② 燃点：物质在空气中点火时发生燃烧，移去火源仍能继续燃烧的最低温度。对于闪点不超过 45℃的易燃液体，燃点仅仅高出闪点 1℃～5℃，所以一般不考虑燃点，而只考虑闪点。

③ 引燃温度：又称自燃点或自燃温度，是在规定条件下，可燃物质不需外来火源而发生燃烧的最低温度。

④ 爆炸性极限：通常指爆炸浓度极限。该极限是指在一定的温度和压力下，气体、蒸气、薄雾或粉尘、纤维与空气形成的能够被引燃并传播火焰的浓度范围。该范围的最低浓度称为爆炸下限，最高浓度称爆炸上限。

汽油的爆炸性极限为 1.4%～7.6%，乙炔的爆炸性极限为 1.5%～82%(以上均为体积浓度)。

⑤ 最小点燃电流比：在规定试验条件下，气体、蒸气爆炸性混合物的最小点燃电流与甲烷爆炸性混合物的最小点燃电流之比。

⑥ 最大试验安全间隙：在规定试验条件下，两个径长为 25 mm 的间隙连通的容器，一个容器内燃爆炸，不致引起另一个容器内燃爆炸的最大连通间隙。

爆炸性气体、蒸气按引燃温度分为 6 组，如表 6-1 所示。

表 6-1　爆炸性危险物质分类、分级、分组

类和级别	最大试验安全间隙/mm	最小点燃电流比/MICR	引燃温度/℃及组别					
			T1	T2	T3	T4	T5	T6
			$t>450$	$300<t\leqslant 450$	$200<t\leqslant 300$	$135<t\leqslant 200$	$100<t\leqslant 135$	$85<t\leqslant 100$
I	1.14	1.0	甲烷					
II A	0.9～1.14	0.8～1.0	乙烷、丙烷、丙酮、氯苯、苯乙烯、甲苯、甲醇、一氧化碳、乙酸	丁烷、乙醇、丙烯、丁醇、乙酸酐	戊烷、己烷、庚烷、汽油、硫化氢	乙醛、乙醚		亚硝酸乙酯
II B	0.5～0.9	0.45～0.8	二甲醚、民用煤气	环氧乙烷、乙烯				
II C	≤0.5	≤0.45	水煤气、氢、焦炉煤气	乙炔			二氧化碳	硝酸乙酯
III			爆炸性粉尘、纤维					

2. 危险环境

不同危险环境应当选用不同类型的防爆电气设备，并采用不用的防爆措施。所以，必须正确划分所在环境危险区域的大小和级别。

1) 气体、蒸气爆炸危险环境

根据爆炸性气体混合物出现的频繁程度和持续时间，将此类危险环境分为 0 区、1 区和 2 区。

0 区(0 级危险区域)：正常运行时连续出现或长时间出现或短时间频繁出现爆炸性气体、蒸气或薄雾的区域。

1 区(1 级危险区域)：正常运行时预计周期性出现或偶尔出现爆炸性气体、蒸气或薄雾的区域。

2 区(2 级危险区域)：正常运行时不出现、即使出现也只是短时间偶然出现爆炸性气体、蒸气或薄雾的区域。

爆炸危险区域的级别主要受释放源特征和通风条件的影响。

0 区比 1 区级别高，1 区比 2 区级别高。良好的通风可降低爆炸危险区域的范围和等级。

2) 粉尘、纤维爆炸危险环境

根据爆炸性混合物出现的频繁程度和持续时间，将此类危险环境分为 10 区和 11 区。

10 区：正常运行时连续或长时间或短时间频繁出现爆炸性粉尘、纤维的区域。

11 区：正常运行时不出现、仅在不正常运行时短时间偶尔出现爆炸性粉尘、纤维的区域。

10 区比 11 区危险级别高。

3）火灾危险环境

火灾危险环境分为 21 区、22 区和 23 区，对应有可燃液体、有可燃粉尘或纤维和有可燃固体存在的火灾危险环境。

6.1.4　防爆电气设备和防爆电气线路

爆炸危险环境中使用的电气设备，结构上应能防止由于在使用中产生火花、电弧或危险温度成为安装地点爆炸性混合物的引燃源。

1. 防爆电气设备

（1）防爆电气设备环境分类：按照使用环境将防爆电气设备分为三类，Ⅰ类防爆电气设备用于煤矿瓦斯气体环境，Ⅱ类防爆电气设备用于煤矿甲烷气体以外的其他爆炸性气体环境，Ⅲ类防爆电气设备用于除煤矿以外的爆炸性粉尘环境。

（2）防爆电气设备结构类型：隔爆型"d"、增安型"e"、充油型"o"、充砂型"q"、本质安全型"I"（ia、ib 等级）、正压型"p"、无火花型"n"、浇封型"m"和特殊型"s"。

（3）防爆电气设备的铭牌标志：各种防爆电气设备的外壳在明显处须设置清晰的、永久性凸纹标志，并设置铭牌及可靠固定，铭牌上方应有明显"Ex"标志。完整的防爆标志依次标明防爆型式、类别、级别和组别。

例如：ExdⅡBT3 为Ⅱ类 B 级 T3 组的隔爆型电气设备；ExiaⅡAT5 为Ⅱ类 A 级 T5 组的 ia 等级本质安全型电气设备。

如有一种以上复合防爆型式，应先标出主体防爆型式后标出其他防爆型式，如ExepⅡBT4 为Ⅱ类 B 级 T4 组主体增安型，并有正压型部件的防爆性电气设备。

危险性气体的分类、分级、分组见表 6-1。

2. 防爆电气设备选用

应当根据安装地点的危险等级、危险物质的组别和级别、电气设备的种类和使用条件选用爆炸危险环境的电气设备。所选用电气设备的组别和级别不应低于该环境中危险物质的组别和级别。当存在两种以上危险物质时，应按危险程度较高的危险物质选用。在爆炸危险环境中，应尽量少用或不用携带式电气设备，以及尽量少安装插座。

3. 防爆电气线路

在爆炸危险环境和火灾危险环境中，电气线路的安装位置、敷设方式、导线材质、连接方式等均应与区域危险等级相适应。

（1）安装位置：电气线路应当敷设在爆炸危险性较小或距离释放源较远的位置。10 kV及以上的架空线路不得跨越爆炸危险环境。

（2）敷设方式：爆炸危险环境主要采用防爆钢管配线和电缆配线，固定敷设的电力电缆应用铠装电缆，非固定敷设的电缆应采用非燃性橡胶护套电缆。

（3）导线材质：爆炸危险环境宜采用交联聚乙烯、聚乙烯、降氯乙烯或合成橡胶绝缘及有护套的电线，以及有耐热、阻燃、耐腐蚀绝缘的电缆，不宜采用油浸纸绝缘电缆。

在爆炸危险环境中，低压电力、照明线路所有电线和电缆的绝缘材料所能承受的电压不得低于工作电压，并且不能低于 500 V。工作零线与相线有同样的绝缘性能，并应在同一护套内。

(4) 连接方式：爆炸危险环境的电气线路不得有非防爆中间接头，且电气配线与电气设备的连接必须符合防爆要求。电缆线路不应有中间接头。

(5) 允许载流量：导线允许载流量不应小于熔断器熔体额定电流。

(6) 隔离和密封：敷设电气线路的沟道以及保护管、电缆或钢管在穿过爆炸危险环境等级不同的区域之间的隔墙或楼板时，应用非燃性材料严密堵塞。

6.1.5　电气防爆技术

电气防爆技术是综合性的措施，具体包括以下内容：

(1) 消除或减少爆炸性混合物。

(2) 设置隔离和间距。

① 危险性大的设备应分室安装，并在隔墙上采取封堵措施。电动机隔墙传动、照明灯隔玻璃照明都属于隔离措施。

② 10 kV 及以下的变、配电室不得设在爆炸危险环境的正上方或正下方。

③ 电气装置，特别是高压、充油的电气装置应与爆炸危险区域保持规定的安全距离。变、配电站不应设在容易沉积可燃粉尘或可燃纤维的地方。

(3) 消除引燃源。

① 按爆炸危险环境的特征和危险物的级别、组别选用电气设备和设计电气线路。

② 保持电气设备和电气线路安全运行。电流、电压、温升和温度不超过允许范围，绝缘良好，接触良好。

注意：在爆炸危险环境中应尽量少用携带式设备和移动式设备，一般情况下不应进行电气测量工作。

(4) 规范爆炸危险环境接地。

① 应将所有不带电金属物件做等电位连接。

② 如低压接地系统配电，应采用 TN-S 系统(使用专用的保护零线)，不能采用 TN-C 系统(干线保护零线与工作零线共用)，即在爆炸危险环境应将保护零线与工作零线分开。

③ 如低压由不接地系统配电，应采用 IT 系统(电源系统的带电部分不接地或通过阻抗接地，而电气设备外露导电部分接地的系统)。

6.2　防　雷

雷电和静电有许多相似之处，都是相对于观察者静止的电荷聚集的结果，放电主要危害都是引起火灾和爆炸等，但雷电与静电电荷产生和聚集的方式不同，存在的空间不同，放电能量相差很远，因而防护措施也不相同。

6.2.1　雷电的种类及危害

1. 雷电的种类

(1) 按雷电的危害方式，分为直击雷、感应雷(静电感应、电磁感应)、雷电浸入波三种。

(2) 按雷电的形状，分为线形、片形、球形三种。最常见的是线形雷，片形雷很少，球形雷非常罕见。

2. 雷电的危害

1) 雷击的主要对象

(1) 与地理条件有关，山区比平原易受雷击。

(2) 与地质结构有关，地下有金属矿或局部导电良好、电阻率小的土壤，以及湖、沼、河岸等。

(3) 地面上较高的建筑物及铁塔等，以及农村房屋、大树(因为孤立在旷野中)。原因是雷云对地的放电途径总是朝着电场强度最大的方向推进的。

(4) 烟囱(除高之外，烟囱中冒出的热气中有大量导电微粒，它比一般空气易导电)。

(5) 一般建筑易受雷击的部位为屋角、檐角。

2) 雷电的破坏效应

伴随直击雷和雷电感应出现的极高冲击电压和强大电流具有很大的破坏力，将直接导致火灾、爆炸、触电和设备设施的损坏。其中直击雷的破坏作用最大，主要体现在以下三个方面：

(1) 电作用的破坏。雷电高达十万至百万伏的冲击电压，可能毁坏电气设备的绝缘，造成大面积长时间停电，甚至可能造成触电伤亡事故。

(2) 热作用的破坏。巨大的雷电流通过导体时，产生大量的热，使金属熔化飞溅到易燃物上而引起火灾或爆炸。

(3) 机械作用的破坏。巨大的雷电流通过被击物时，瞬间产生大量的热能，使被击物内部的水分或其他液体急剧汽化，剧烈膨胀为大量气体，在被击物内部出现强大的机械压力，致使被击物破坏或爆炸。

此外雷电流流过金属物体时产生的电动力和静电作用力也具有很强的破坏作用。上述破坏效应是综合出现的，其中以雷电伴有的爆炸和火灾最严重。

6.2.2　防雷装置

防雷装置的种类很多，可归纳为外部、内部两大类。

外部防雷装置包括避雷针、避雷线、避雷网、避雷带。避雷针主要用来保护露天的变配电设备、建筑物；避雷线主要用来保护电力线路；避雷网用来保护建筑物；避雷带用来保护建筑物。

(1) 避雷针：又叫引雷针，它把雷电引入自身，并经与之相连的引下线和接地装置将雷电流泄放入大地，从而达保护附近其他物体的目的。一般避雷针采用镀锌圆钢或钢管制成，长度在 1.5 m 以上，圆钢直径不得小于 16 mm，钢管直径不得小于 25 mm。避雷针下端要经引下线与接地装置焊接相连。

(2) 避雷网和避雷带：可以采用镀锌圆钢或扁钢。圆钢直径不得小于 8 mm，扁钢厚度不得小于 4 mm、截面积不得小于 48 mm²；装在烟囱上方时，圆钢直径不得小于 12 mm，扁钢厚度不得小于 4 mm、截面积不得小于 100 mm²。

内部避雷装置有避雷器，主要用来保护电力设备。

避雷器用来防止雷电产生的大量过电压(即高电位)沿线络侵入变、配电所或其他建筑物内，危害被保护设备的绝缘。避雷器应与被保护设备并联，如图 6-1 所示。

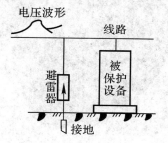

图 6-1　避雷器的连接

避雷器有阀型避雷器、氧化锌避雷器、保护间隙三种类型。

(1) 阀型避雷器。阀型避雷器(分为高压阀型避雷器和低压阀型避雷器)是由火花间隙和阀电阻片组成的，如图 6-2 所示。火花间隙装在密封的磁套管内，用 0.5 mm～1 mm 厚的云母垫圈隔开。在正常情况下，火花间隙阻止线路工频电流通过，但在过电压作用下，火花间隙被击穿而放电。阀电阻片由陶料黏固起来的电工用金刚砂颗粒组成，它具有非线性特性，正常电压时，阀电阻片的电阻很大，过电压时，阀电阻片的电阻变得很小。因此，当线路上出现过电压时，阀型避雷器的火花间隙被击穿，阀电阻片能使雷电流畅通地向大地泄放。当过电压一消失，线路上恢复工频电压时，阀电阻片呈现很大的电阻，使火花间隙绝缘迅速恢复，从而保证线路恢复正常运行。

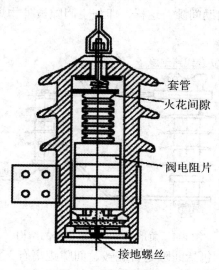

图 6-2　阀型避雷器

(2) 氧化锌避雷器。氧化锌避雷器由具有较好的非线性伏安特性的氧化锌电阻片组装而成，如图 6-3 所示。在正常工作电压下，氧化锌避雷器具有极高的电阻而呈现绝缘状态；而在雷电过电压作用下呈现低电阻状态，泄放雷电流，使与避雷器并联的电气设备的残压被抑制在设备绝缘安全值以下，待雷电过电压消失后恢复正常状态。

图 6-3　氧化锌避雷器

氧化锌避雷器与阀式避雷器相比具有动作迅速、通流容量大、残压低、无续流、对大气过电压和操作过电压都起保护作用、结构简单、可靠性高、寿命长、维护简便等优点。

在 10 kV 系统中，氧化锌避雷器较多地并联在真空开关上，用来保护开关。

(3) 保护间隙。保护间隙是最简单经济的防雷设备。

保护间隙的优点是结构简单、成本低、维护方便。其缺点是保护性能差、灭弧能力小，容易造成接地或短路故障，引起线路开关跳闸或熔断器熔断，造成停电。所以对装有保护间隙的线路，一般要求装设自动重合闸装置或自动重合熔断器与它配合，以提高供电可靠性。常见的角形保护间隙避雷器的结构如图 6-4 所示。这种角形保护间隙俗称羊角避雷器。角型保护间隙的一个电极接线路，另一个电极接地，为防止间隙被外物短接而发生接地，在其接地引下端再串一个辅助间隙，这样，即使主间隙被外物短接，也不致造成接地短路事故。

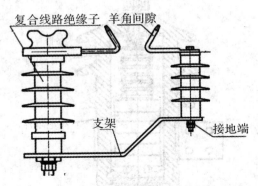

图 6-4　角形保护间隙避雷器的结构

注意：加强维护检查，包括间隙是否烧毁、间隙距离有无变动、接地是否完好等。

一套完整的防雷装置由接闪器、引下线、接地装置三部分组成。

(1) 接闪器。接闪器是利用其高出被保护物的突出部位，把雷电引向自身，接收雷击放电，又叫引雷器。避雷针、避雷线、避雷带、避雷网及建筑物的金属屋面，均可作为接闪器。

(2) 引下线。防雷装置的引下线应满足机械强度、耐腐蚀和热稳定的要求，一般采用圆钢或扁钢，尺寸和腐蚀要求与避雷带相同。

(3) 接地装置。接地装置是防雷装置的重要组成部分，作用是向大地泄放雷电流，限制防雷装置的对地电压，使之不致过高。

为了防止跨步电压伤人，防直击雷接地装置距建筑物出入口和人行道的距离不应小于 3 m，距电气设备接地装置要求在 5 m 以上。

6.2.3　防雷措施

1. 架空线路的防雷措施

(1) 设避雷线。这是一种很有效的防雷措施，由于造价高，只在 60 kV 及以上的架空线路上沿全线装设避雷线，在 35 kV 以及下的架空线路上一般只在进出变电所的一段线路上装设。

(2) 提高线路本身的绝缘水平。在架空线路上，采用木横担、瓷横担或高一级的绝缘子，以提高线路的防雷性能。

(3) 用三角形顶线作保护线。由于 3 kV～10 kV 线路通常是中性线不接地的，因此在三角形排列的顶线绝缘子上装保护间隙，可保护下面的两根导线。

(4) 装设避雷器和保护间隙。这可用来保护线路上个别绝缘最薄弱的部分，如特别高的杆塔、带拉线的杆塔等。

2. 变、配电所的防雷措施

(1) 装设避雷针。这可用来保护整个变、配电所建筑物，使之免遭直接雷击。但变压器的门形构架不能用来装避雷针。避雷针与配电装置的空间距离不得小于 5 m。

(2) 高压侧装设阀型避雷器或保护间隙。这主要用来保护变压器，以免高电位沿高压线路侵入变电所，损坏变电所这一最主要的设备。为此，要求避雷器或保护间隙应尽量靠近变压器安装。

(3) 低压侧装避雷器或保护间隙。这主要在多雷区使用，以防止雷电波由低压侧侵入而击穿变压器的绝缘。当变压器低压侧中心点不接地时，其中性点也应加装避雷器或保护间隙。

3. 人身防雷措施

雷暴时，雷云直接对人体放电、雷电流流入地下产生的对地电压、二次放电都可能造成对人体电击。

户外人身防雷措施具体如下：

(1) 雷雨天，非工作需要，尽量不要在户外或野外逗留。

(2) 必须在户外或野外逗留或工作时，最好穿塑料等不浸水的雨衣。

(3) 离开小山、小丘和隆起的道路，离开池旁，离开铁丝网等金属物及烟囱、独树、没有防雷保护的小建筑物。

(4) 如有条件，可进入宽大金属构架或有防雷设施的建筑物、汽车、船内。

(5) 若在有建筑物或高大树木屏蔽的街道躲避，应离开墙壁和树干 8 m 以外。

户内人身防雷措施具体如下：

应注意防止雷电侵入波的危害，应离开照明线、电视机电源线、天线及与其相连的各种导体，防止这些线路或导体对人体第二次放电，事故一般发生在距导体 1 m 内的范围。

第 6 章习题

一、判断题

1. 直击雷具有很大的破坏力，其破坏作用有电作用的破坏、热作用的破坏以及机械作用的破坏。　　　　　　　　　　　　　　　　　　　　　　　　（　　）

2. 静电的最大危害是可能造成爆炸和火灾。　　　　　　　　　　　　（　　）

3. 接地是消除绝缘体上静电的最简单的办法，一般只要接地电阻不大于 1000 Ω，静电的积聚就不会产生。　　　　　　　　　　　　　　　　　　　　　　（　　）

4. 避雷针、避雷线、避雷网、避雷带是防护直击雷的主要措施。　　　（　　）

二、单选题

1. 消除导体上静电的最简单的方法是(　　)。

A. 接地　　　　　　B. 泄露　　　　　　C. 中和

2. 易燃易爆场所使用的照明灯具应采用(　　)灯具。

A. 防爆型　　　　　B. 防潮型　　　　　C. 普通型

第7章 触电和急救

7.1 触电的形式

人体是导体，当人体接触到两点不同电位时，由于电位差的作用，就会在人体内形成电流，这种现象就是触电。触电的形式有单相触电、两相触电、跨步电压触电、接触电压触电。

7.1.1 单相触电

人体直接接触带电设备或线路中的一相时，电流从一相通过人体流入大地，这种触电现象称为单相触电。单相触电又分为中性点接地的单相触电和中性点不接地的单相触电等类型。

(1) 中性点接地的单相触电。人站在地面上，如果人体触及一根相线，电流便会经导线流过人体流入大地，再从大地流回电源中性线形成回路，如图 7-1(a)所示。这时人体承受 220 V 电压，若人体电阻按 1000 Ω 计算，则流过人体的电流将高达 220 mA，足以危及生命。

(2) 中性点不接地的单相触电。人站在地面上，接触到一根相线，这时有两个回路的电流通过人体：一个回路的电流从 L3 相相线出发，经人体、大地、对地电容到 L2 相；另一个回路从 L3 相相线出发，经人体、大地、对地电容到 L1 相，如图 7-1(b)所示。此种情况的触电电流仍可达到危害生命的程度。

图 7-1　中性点接地和中性点不接地的单相触电

7.1.2 两相触电

人体同时接触带电设备或线路中的两相导体时，电流从一相通过人体流入另一相，这种触电现象称为两相触电，如图 7-2 所示。此时人体承受的电压是线电压 380 V。

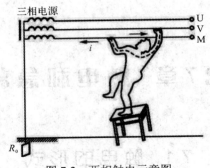

图 7-2　两相触电示意图

7.1.3　跨步电压触电

当电气设备发生接地故障时,接地电流通过接地体向大地流散,若人体在接地短路点周围行走,则其两脚间的电位差引起的触电称为跨步电压触电。

如图 7-3 所示,高压线塔上的某根相线掉落到地面,当人靠近落地点附近的时候,只要迈开步子走,在双脚之间就会有一定的电压差,于是从一只脚经过腿到另一只脚之间有电流通过。如果人或牲畜站在距离电线落地点 8 m～10 m 以内就可能发生触电事故。

图 7-3　跨步电压触电示意图

一般会产生跨步电压触电的情况都是高压线落地,1000 V 以上的电压就会有跨步电压的危险,而且电压越大跨步产生的电压也越大。

当人受到较高的跨步电压作用时双脚会抽筋,易使身体倒在地上。这不仅使作用于身体上的电流增加,而且使电流经过人体的路径改变,完全可能流经人体重要器官,从而产生致命的危险。

7.2　触电电流对人体的危害

触电事故是电能以电流形式作用于人体造成的事故。电流对人体的热效应造成的伤害就是电烧伤。电烧伤的严重程度与通过人体的电流的大小、频率、持续时间以及电流途径和人体电阻等因素有关。

1. 电烧伤与电流大小的关系

行业规定安全电压为不高于 36 V,持续接触安全电压为 24 V,安全电流为 10 mA,电流强度越大,致命危险越大。

对于工频交流电,通过人体的电流大致可分为三种:

(1) 感知电流。能引起人感觉到的最小电流值称为感知电流,交流为 1 mA,直流为 5 mA。

(2) 摆脱电流。人触电后能自己摆脱的最大电流称为摆脱电流,交流为 10 mA,直流为 50 mA。

(3) 致命电流。在较短的时间内危及生命的电流称为致命电流，致命电流为 50 mA。人体的室颤电流为 50 mA，电流达到数百毫安时会引起心脏暂停。在有防止触电的保护装置的情况下，人体允许通过的电流一般为 30 mA。

2. 电烧伤与电流频率的关系

一般认为工频电流即 50 Hz～60 Hz 的电流危险性最强。

3. 电烧伤与通电时间长短的关系

触电时间越长，人体电阻因发热出汗而降低，导致人体电流增加，越容易引起心室颤动，触电的危险性越大。

触电时间越长，人体所受的电损伤越严重，死亡的可能性越大。

4. 电烧伤与电流途径的关系

电流流过人体的途径以经过心脏为最危险。因为电流通过心脏会引起心室颤动，甚至是心脏暂停，从而使血液循环中断，导致死亡。因此从左手到胸部的电流途径是最危险的。手到手、手到脚的电流途径也比较危险。脚到脚的电流途径危险性较小。

5. 电烧伤与人体电阻的关系

一般情况下，220 V 工频电压作用下人体的体内电阻约为 1000 Ω～2000 Ω。皮肤越潮湿，接触越紧密，人体电阻越小，通电电流越高，危险性越强。

7.3 触电救援

7.3.1 触电后第一时间的紧急处置

发现有人触电后，首先应迅速切断电源，然后进行抢救。注意事项如下：

(1) 拔掉就近的插头，断开电闸。

(2) 如果不知道或不清楚开关在何处，那么应采取正确的方式剪断电线。

(3) 救援他人时，避免直接接触其身体。可踩在木板上去救人，使用干木棍、绝缘竹竿去挑开触电者身上的电线，或者用绝缘物将触电人套住，脱离电源。

(4) 如果是高压系统上的触电，那么应设法通知有关部门停电。

7.3.2 触电急救的步骤

触电急救的原则是快速、原地、准确，即分秒必争地在触电现场实施抢救，抢救过程务必采取正确的方法和动作。

触电急救的步骤如下：

(1) 恢复体位，畅通气道。伤者仰卧平面上，四肢平放，解开衣领，松开裤带，头后仰，保持气道通畅，清除口腔内的异物。

(2) 快速判断触电者自主呼吸是否存在。观察伤者胸部、腹部有无起伏动作，以及口鼻是否有呼气，借以判断其是否有呼吸。

(3) 快速检查脉搏，判断心搏是否骤停。呼叫或者轻拍伤者肩部，看其是否有回应，判断其意识是否丧失；食指和中指触摸患者颈动脉以感觉有无搏动，如图 7-4 所示(搏动触点在甲状软骨旁胸锁乳突肌沟内)，检查搏动时间一般不能超过 10 s。如果二者均不存在，就可判断心搏骤停。

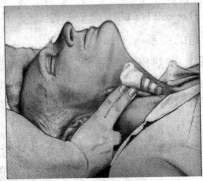

图 7-4　触摸颈动脉搏动

(4) 如果病人神智比较清楚，外伤比较轻，则让其安静休息。

(5) 如果伤者心跳呼吸全无，则应立即进行心肺复苏。

(6) 如果伤者意识不清，有心跳，但呼吸停止，则应立即对其进行人工呼吸。

(7) 如果伤者处于心搏暂停的情况，则应该迅速进行胸外心脏按压。

7.3.3　人工呼吸和胸外按压的操作

1．心肺复苏

当触电者心跳、呼吸全无时，应立即进行心肺复苏。施救者用拳头有节奏地用力叩击触电者左前胸内侧心脏部位 2～3 次，拳头抬离触电者胸部 20 cm～30 cm。若仍未恢复搏动，则应立即连续做 4 次口对口人工呼吸，接着再做胸外心脏按压。

2．人工呼吸

口对口人工呼吸的正确的方法为：抢救人员深吸一口气，捏紧触电人鼻子后，紧贴并罩住口唇，每隔 5 s 口对口吹气一次，每分钟吹气量为(成人)800 mL～1000 mL，反复进行，如图 7-5 所示。

图 7-5　人工呼吸图

救护措施得当时，能看到触电人的胸部有起伏；救护工作要持续进行，不能轻易中断，直到触电人恢复自主呼吸。

3. 胸外心脏按压

胸外心脏按压的正确操作步骤如下：

(1) 解开触电者上衣。

(2) 确定胸外心脏按压的具体位置：心脏按压的位置在胸骨中下 1/3 交界处，可定位于胸骨正中两乳头连线的中点处。

(3) 将双手交叉叠起，以掌根按压在心脏部位，腕关节、肘关节伸直，上半身前倾，以髋关节为支点，以上身重量连续、垂直向下按压，如图 7-6 所示。

(4) 按压频率为 100 次/min，使胸廓下陷 3 cm～5 cm，按压时手掌不能离开胸部。

(5) 人工呼吸与胸外心脏按压同时进行时，按压 30 次，吹气 2 次，重复进行。

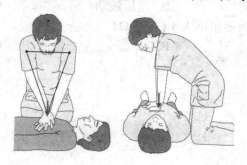

图 7-6 胸部按压图

第 7 章习题

一、判断题

1. 触电分为电击和电伤两大类。 (　　)

2. 脱离电源后，触电者神志清醒，应让触电者多走动，增加运动量，促进血液循环。

(　　)

3. 如果触电者心跳停止，有呼吸，应立即对触电者实行胸外心脏按压法急救 (　　)

4. 两相触电的危险性比单相触电小。 (　　)

5. 直流电弧的烧伤比交流电弧烧伤轻。 (　　)

二、单选题

1. 触电者心跳停止，呼吸存在，采用人工复苏的方法为(　　)。

A. 口对口人工呼吸　　　　　B. 体外心脏按压　　　　　C. 口对鼻人工呼吸

2. 电伤是由电流的热效应、化学效应和(　　)所造成的伤害。

A. 热效应　　　　　　　　　B. 化学效应　　　　　　　C. 机械效应

3. 触电事故是由电能以( )形式作用人体造成的事故。

    A. 电压   B. 电阻   C. 电流

4. 触电以后人的心跳呼吸停止在( )内进行抢救，约80%的可能可以救活。

    A. 1分钟   B. 2分钟   C. 3分钟

5. 按照通过人体电流的大小和人体反应状态的不同，可将电流划分为( )电流摆脱电流和室颤电流。

    A. 触电电流   B. 感应电流   C. 感知电流

6. 当电气设备发生接地故障时，接地电流通过接地体向大地流散，人在接地短路点周围行走，其两脚间的电位差引起的触电叫( )触电。

    A. 单相   B. 跨步电压   C. 感应电

7. 电气火灾的引发是由于危险温度的存在，危险温度的引发主要是由于( )。

    A. 设备负载轻   B. 电压波动   C. 电流过大

8. 防静电的接地电阻要求不大于( )Ω。

    A. 10   B. 40   C. 100

第二部分　民用照明电路实操

第 8 章 实操相关低压电器元件

8.1 漏电保护器

漏电保护器一般安装在用户电源的进线端、电能表的后面。漏电保护器全称漏电电流动作保护器(即剩余电流动作保护器)，是一种开关电器或组合电器。在规定条件下，当漏电电流达到或超过额定值时，漏电保护器能自动断开电路。

8.1.1 漏电保护器的作用

漏电保护器主要是用来在设备发生漏电故障时以及对有致命危险的人身触电提供保护；防止电气设备或线路因绝缘损坏发生接地故障进而由接地电流引起的火灾事故；具有过载和短路保护功能，可用来保护线路或电动机的过载和短路，在正常情况下可用于线路的不频繁转换启动。漏电保护器电气图形符号如图 8-1 所示。

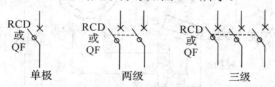

图 8-1　漏电保护器电气图形符号

8.1.2 漏电保护器的工作原理

1. 工作原理

在民用照明电路的工作回路中，电流从火线出发，流过用电器，然后流回零线。根据电荷守恒定律，从火线流出的电荷量应该等于流回零线的电荷量。然而当发生触电事故时，部分电流通过人体流到了大地。这时，火线和零线的电流不再相等，通过检测流过火线和零线的电流是否相等，就可以判断是否发生了触电(事件)。

漏电保护器就是通过检测火线和零线的电流值是否相等来判断是否漏电的。如图 8-2 所示，漏电保护器主要由脱扣开关控制器和脱扣开关两大部分构成，其中控制器中包含一个缠绕两个线圈的磁芯，其中一个线圈由火线和零线在磁芯上同向缠绕组成，另一个线圈为感应线圈。

根据电磁感应原理，缠绕在磁芯上的两个线

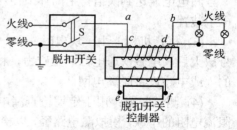

图 8-2　漏电保护原理示意图

圈，给其中一个线圈通电，另一个线圈就会感应出电动势。由于火线和零线上电流方向相反，磁芯中的感应磁场方向相反，当火线和零线流过的电流相同时，磁场完全抵消，感应线圈上就不会感应出电动势。如果站在地面上的人触及图 8-2 中的 b 线而触电，则火线中有部分电流经过人体流向大地，火线和零线流过的电流不再相同，磁场无法完全抵消，这时候就会在感应线圈中感应出电动势。将这个电动势放大之后去驱动自动开关脱扣，切断电源，从而起到保护人体的作用。

2. 组成结构

漏电保护器主要分为三个部分：检测元件、中间环节和执行机构，此外还包括一个测试装置。

(1) 检测元件：由零序互感器组成，用于检测漏电电流，并发出信号。

检测元件可以说是一个零序电流互感器。如图 8-3 所示，被保护的相线、接地的中性线穿过环形铁芯，构成了互感器的一次线圈 N_1，缠绕在环形铁芯上的绕组构成了互感器的二次线圈 N_2，二次线圈与漏电保护器中的脱扣器连接。图中的电阻 R 模拟有漏电或人体触电时的情形。

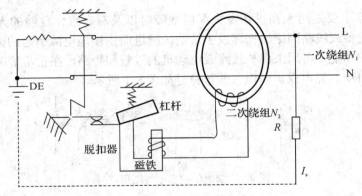

图 8-3　漏电保护器结构简化示意图

如果没有漏电发生，这时流过相线、中性线的电流向量和等于零，因此在 N_2 上也不能产生相应的感应电动势。如果发生了漏电，则在故障点产生分流，此漏电电流 I_s 经人体—大地—工作接地，返回中性点(并未经电流互感器)，使相线、中性线的电流向量之和不等于零，N_2 上产生感应电动势，这个漏电信号就会被送到中间环节进行进一步的处理。

(2) 中间环节：包括放大器、比较器和脱扣器。一旦接收到检测元件传来的微弱的漏电信号，中间环节首先经由放大器进行放大，并通过比较器与限定的动作电流值进行比较；一旦漏电电流达到阈值，中间环节便传递信号给执行机构。其中放大器可采用机械装置或电子装置。

(3) 执行机构：由一块电磁铁和一个杠杆组成，如图 8-3 所示。当中间环节将漏电信号放大后，电磁铁通电，产生磁力，将杠杆吸落下来，完成跳闸动作，切断电源使被保护的人或电路设备脱离电网。

(4) 测试装置：用于定期检查漏电保护器是否完好、可靠的装置，其通过试验按钮和限流电阻的串联，模拟漏电路径，以检查装置能否正常动作。试验按钮和限流电阻如图 8-4 中的开关 S_2 和电阻 R_1。漏电试验按钮一般一个月试验一次，按一下会自动跳闸就说明漏电保护正常。

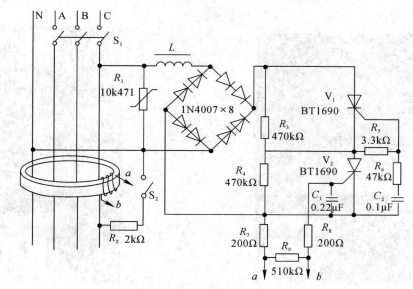

图 8-4　漏电保护器电气原理图

8.1.3　漏电保护器的分类和选择

1. 分类

漏电保护器有很多种分类，如按动作方式可分为电压动作型和电流动作型；按动作机构可分为开关式和继电器式等；按动作灵敏度可分为高灵敏度(漏电动作电流在 30 mA 以下)、中灵敏度(漏电动作电流在 30 mA～1000 mA 之间)和低灵敏度(漏电动作电流在 1000 mA 以上)；按漏电动作时间可分为快速型(动作时间小于 0.1 s)、延时型(动作时间大于 0.1 s，且在 0.1 s～2 s 之间)、反时限型(随着漏电电流的增加，漏电动作时间减小；当处于额定漏电动作电流时，动作时间为 0.2 s～1 s；当为额定漏电动作电流的 1.4 倍时，动作时间为 0.1 s～0.5 s；当为额定漏电动作电流的 4.4 倍时，动作时间小于 0.05 s)。

漏电保护器对线路中的导线(相线或零线)具有接通和切断的功能，"极数"是指能够切断线路的导线根数。漏电保护器根据其能够保护的极数和接入的线数可分为如下几类：

(1) 单极两线(即 1P＋N)：漏电保护器需要接入两根线——相(火)线和零线，但漏电保护器只能切断相(火)线，零线直通。

(2) 两极两线(即 2P)：漏电保护器需要接入两根线——相(火)线和零线，漏电保护器能切断相(火)线和零线。

(3) 三极三线(3P)：漏电保护器需要接入两相(A、B)或三相(A、B、C)线(火线)，漏电保护器能切断三相线。

(4) 三极四线(3P+N)：漏电保护器需要三相(A、B、C)线(火线)和零线，漏电保护器能切断三相线，零线直通。

(5) 四极四线(4P)：漏电保护器需要接入三相(A、B、C)线(火线)和零线，漏电保护器能切断三相线和零线。

2P、1P+N、3P、4P 带漏电保护模块的断路器如图 8-5～图 8-8 所示，1P～4P 指断路器的极数，N 指零线。

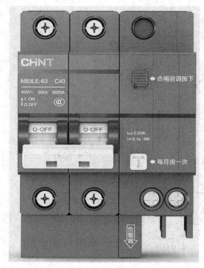

图 8-5　2P

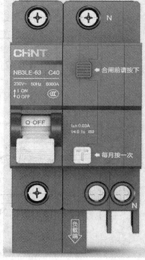

图 8-6　1P+N

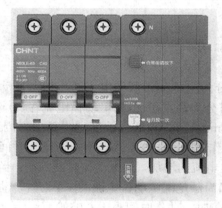

图 8-7　3P

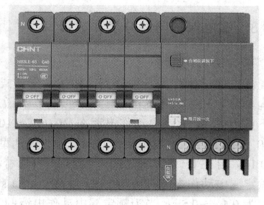

图 8-8　4P

2. 漏电保护器的选择

1) 漏电保护装置极数的选择

漏电保护器的极数应按负载特征进行选择。例如：设备额定电压是 220V 的单相负载选用单极两线或两极两线漏电保护器；三相三线制供电的三相负载(如三相电动机、风机、水泵)或二相 380V 负载可选用三极三线漏电保护器；动力与照明合用的三相四线负载和三相照明负载必须选用三极四线或四极四线漏电保护器。

2) 漏电保护器的安全选用依据

(1) 人体安全电量的定义。通过大量的动物试验和研究表明，引起心室颤动不仅与通过人体的电流(I)有关，而且与电流在人体中持续的时间(t)有关，即由通过人体的安全电量 $Q = It$ 来确定，一般为 50 mA·s。就是说当电流不大于 50 mA，电流持续时间在 1 s 以内时，一般不会发生心室颤动。

(2) 漏电保护器动作的安全限值。如果按照 50 mA·s 控制安全电量，当通电时间很短而通过人体电流较大时(例如 500 mA·0.1 s)，仍然会有引发心室颤动的危险。虽然低于 50 mA·s 不会发生触电致死的后果，但也会导致触电者失去知觉或发生二次伤害事故。实践证明，用 30 mA·s 作为电击保护装置的动作特性，无论从使用的安全性还是制造方面来说都比较合适，与 50 mA·s 相比较有 1.67 倍的安全率($K = 50/30 \approx 1.67$)。从"30 mA·s"这个安全限值可以看出，即使电流达到 100 mA，只要漏电保护器在 0.3 s 之内动作并切断电源，人体尚不会引起致命的危险。故 30 mA·s 这个限值也成为漏电保护器产品的选用依据。

3. 漏电保护器的主要技术参数

漏电保护器的主要动作性能参数有：额定漏电动作电流、额定漏电动作时间、额定漏电不动作电流。其他参数还有：电源频率、额定电压、额定电流等。

(1) 额定漏电动作电流：在规定的条件下，使漏电保护器动作的电流值。例如 30 mA 的保护器，当通入电流值达到 30 mA 时，保护器即动作断开电源。

(2) 额定漏电动作时间：从突然施加额定漏电动作电流起，到保护电路被切断为止的时间。例如 30 mA × 0.1 s 的保护器，从电流值达到 30 mA 起，到主触头分离止的时间不超过 0.1 s。

(3) 额定漏电不动作电流：在规定的条件下，漏电保护器不动作的电流值，一般应选漏电动作电流值的 1 / 2。例如漏电动作电流 30 mA 的漏电保护器，在电流值达到 15 mA 以下时，保护器不应动作，否则因灵敏度太高而易误动作，影响用电设备的正常运行。

(4) 其他参数：如电源频率、额定电压、额定电流等，在选用漏电保护器时，应与所使用的线路和用电设备相适应。漏电保护器的工作电压要适应电网正常波动范围额定电压，若波动太大，会影响保护器正常工作，尤其是电子产品，电源电压低于保护器额定工作电压时会拒动作。漏电保护器的额定工作电流，也要和回路中的实际电流一致，当实际工作电流大于保护器的额定电流时，易造成过载和使保护器误动作。

8.1.4　必须安装漏电保护的场所和设备

根据《剩余电流动作保护装置安装和运行》国标 GB13955—2005 要求，必须安装漏电动作型保护器的场所和设备如下：

(1) 属于 I 类的移动式电气设备和手持式电动工具。

(2) 安装在潮湿、强腐蚀性场所的电气设备。

(3) 建筑施工工地的电气机械。

(4) 临时用电的电气设备。

(5) 宾馆、饭店和招待所客房内的插座回路、照明回路。

(6) 机关、学校、企业、住宅等建筑的插座回路、照明回路。

(7) 游泳池、喷水池、浴池的水中照明设备。

(8) 安装在水中的供电线路和设备。

(9) 医院中直接接触人体的医用电气设备。

(10) 其他需要安装漏电保护器的场所和设备。

8.2 刀 开 关

8.2.1 刀开关的用途

刀开关又称闸刀开关或隔离开关,它是手控电器中最简单而使用又较广泛的一种低压电器。刀开关带有动触头——闸刀,并通过它与底座上的静触头——刀夹座的楔入(或分离),以接通(或分断)电路,如图8-9所示。其中以熔断体作为动触头的,称为熔断器式刀开关,简称刀熔开关。

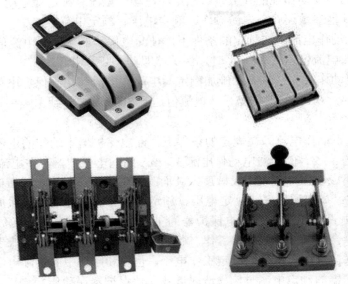

图 8-9　刀开关

刀开关通常由绝缘底板、动触刀、静触座、灭弧装置、安全挡板和操作机构组成。

刀开关在电路中的作用是:隔离电源,以确保电路和设备维修的安全;分断负载,如不频繁地接通和分断容量不大的低压电路或直接启动小容量电机。

只作为电源隔离用的刀开关则不需要灭弧装置,有灭弧能力的刀开关可以切断电流负荷。

8.2.2 刀开关的分类

1. 根据工作原理、结构形式分类

刀开关可分为刀形转换开关、开启式负荷开关(胶盖瓷底刀开关)、封闭式负荷开关(铁壳开关)、熔断器式刀开关和组合开关等。

2. 根据刀开关的外形构造是否封闭分类

刀开关可分为开启式和封闭式。开启和封闭是指开关是否被封闭在金属或电工绝缘材料制成的外壳里,使得闸刀和熔断器不外露。其中封闭式刀开关需要装设在专用的柜子里,

以免误操作发生人身事故。

3. 根据刀的极数分类

刀开关可分为单极、双极和三极。常用的三极刀开关额定电流有 100 A、200 A、400 A、600 A、1000 A 等。

4. 根据操作方式分类

刀开关可分为直接手柄操作式、杠杆机构操作式、旋转操作式和电动机构操作式。

常用的刀开关型号有 HD 型单投刀开关、HS 型双投刀开关(刀形转换开关)、HR 型熔断器式刀开关、HZ 型组合开关、HK 型闸刀开关、HY 型倒顺开关和 HH 型铁壳开关等。

不带熔断器及带熔断器的刀开关的电气符号如图 8-10(a)、(b)所示。刀开关各种型号的含义如图 8-10(c)所示，以 HH4-100/3 为例，其含义解读为 4 型铁壳开关、可通断极数 3 极、额定工作电流 100A。

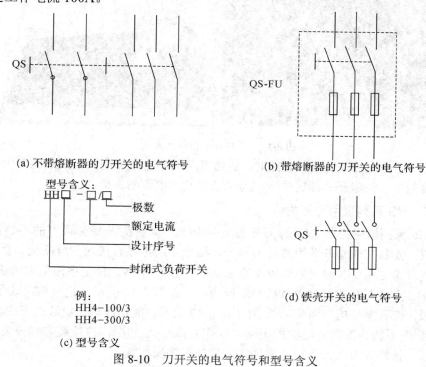

(a) 不带熔断器的刀开关的电气符号
(b) 带熔断器的刀开关的电气符号

型号含义：
HH□-□/□
　极数
　额定电流
　设计序号
　封闭式负荷开关

例：
HH4-100/3
HH4-300/3

(d) 铁壳开关的电气符号

(c) 型号含义

图 8-10　刀开关的电气符号和型号含义

8.2.3　常用刀开关

1. HK 系列胶盖开关

如图 8-11 所示，HK 系列胶盖开关主要由闸刀和熔丝组成，其中熔丝起短路保护的作用。胶盖开关一般有两极和三极两种。

胶盖开关的外壳是塑胶做的。胶盖开关没有快速通断和灭弧功能，不宜用于大功率设备直接启闭，主要用于一般照明电路、电热控制回路和小型异步电动机(功率小于 5.5 kW)的不频繁直接启动和停止控制。

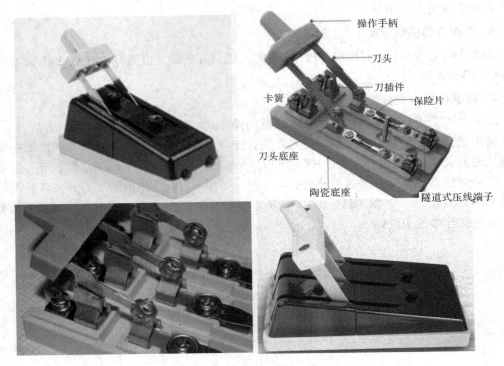

图 8-11　两极和三极胶盖开关

注意：应用普通的照明负载电路时，胶盖开关的额定电流应大于负载的额定电流；应用于电机控制时，胶盖开关额定电流应为电动机额定电流的 3 倍。

2. HD、HS 系列板用刀开关

HD、HS 系列板用刀开关(简称刀开关)由静触头、动触头、灭弧罩(有的不装)、手柄和杠杆等组成，安装在成套开关柜或动力箱中，用于手动不频繁接通和分断交、直流电路，或作为电气隔离之用；其额定电压为交流 500 V、直流 440 V，额定电流最大可达 1500 A。

HD、HS 系列刀开关可分为单投和双投两类，如图 8-12 所示；也可按极数分为单极、两极和三极；按灭弧结构分为带灭弧罩(如图 8-13 所示，能切断额定电流以下的负荷电流)和不带灭弧罩(不能切断带有电流的电路，仅作隔离开关之用)；按接线方式分为板前接线和板后接线；按操作方式分为中央手柄式和杠杆机构操作式。

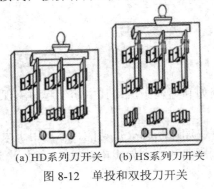

(a) HD系列刀开关　(b) HS系列刀开关
图 8-12　单投和双投刀开关

图 8-13　带灭弧罩的单投刀开关

　　HD11、HS11 系列中央手柄式的单投和双投刀开关主要用于变电站，不切断带有电流的电路，作隔离开关之用；HD12、HS12 系列侧方正面杠杆操作机构式刀开关主要用于正面两侧操作、前面维修的开关柜中，操作机构可以在柜的两侧安装；HD13、HS13 系列中央正面杠杆操作机构刀开关主要用于正面操作、后面维修的开关柜中，操作机构装在正前方；HD14、HS14 系列侧面操作手柄式刀开关，主要用于动力箱中，如图 8-14 所示。

(a) HD11(板前接线)

(b) HD12(用于正面两侧操作，前面维修)

(c) HD13(用于正面操作，后面维修)

(d) HD14(用于侧面操作)

图 8-14　各种接线和操作方式的刀开关

　　单投闸刀只能控制一处的电源线路；双投闸刀也叫双向闸刀，可以控制两处的电源线路，例如双投闸刀可在发电厂输送入户的电与自家发电机发电之间相互切换，双向闸刀还可用于改变电机的运转方向。

　　HD、HS 系列刀开关的型号多，含义较复杂，具体定义如图 8-15 所示。例如HD11F-600/48，其含义为中央手柄式、防误操作型、单投四极刀开关、额定电流为 600 A、板前接线。

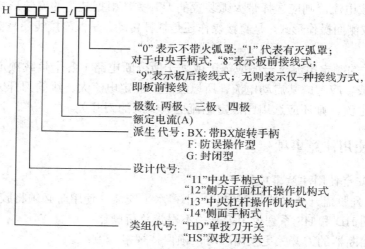

图 8-15　HD、HS 系列刀开关的型号及其含义

3. HH 系列铁壳开关

HH 系列铁壳开关即封闭式负荷开关，如图 8-16 所示，它由安装在铸铁或钢板制成的外壳内的刀式触头和灭弧系统、熔断器、速断弹簧以及操作机构等组成，封闭在钢板或铸铁壳内，需手动操作。铁壳开关具有如下几个特点：

(1) 铁壳开关内部装有熔断器，具有短路保护的功能；

(2) 外壳上装有机械连锁装置，使开关在闭合时盖子打不开，盖子打开时开关不能闭合，可防止电弧伤人，保证用电的安全；

(3) 操作机构中装有速断弹簧，使刀开关能快速通或切断电路，其分合速度与手柄操作速度无关，有利于迅速切断电弧，减少电弧对闸刀和静插座的烧蚀。

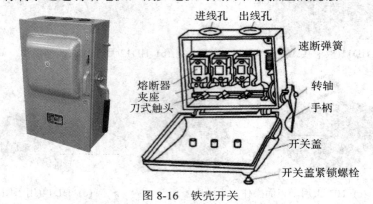

图 8-16　铁壳开关

三极铁壳开关适用于工矿企业、农业灌溉、施工工地等各种配电设备中，既可以用作工作机械的电源隔离开关，也可以分断负载，用于交流异步电机的不频繁直接启动和分断。

8.2.4　刀开关的选择

选择刀开关时应考虑以下两个方面：

(1) 刀开关的结构形式。应根据刀开关的作用和装置的安装形式来选择是否带灭弧装置，若分断负载电流，则应选择带灭弧装置的刀开关。根据装置的安装形式来选择，是否是正面、背面或侧面操作形式，是直接操作还是杠杆传动，是板前接线还是板后接线的结构形式。

(2) 刀开关的额定电流。一般应等于或大于所分断电路中各个负载额定电流的总和。对于电动机负载，应考虑其启动电流，所以应选用额定电流大一级的刀开关。若再考虑电路出现的短路电流，则还应选用比额定电流更大一级的刀开关。

8.2.5　安全使用注意事项

刀开关的安全使用注意事项如下：

(1) HK 系列胶盖开关只能垂直安装，不得水平安装，使用时必须将胶盖盖好；

(2) 普通的 HD 和 HS 系列板用刀开关不得带负荷操作；

(3) 带有熔断器的刀开关更换熔体时，须保持规格一致；

(4) 刀开关的额定电流为电动机额定电流的 3 倍;

(5) HH 系列铁壳开关的安装高度不低于 1.3 m～1.5 m，外壳必须可靠接地;

(6) 操作 HH 系列铁壳开关时要站在手柄侧。

8.3　空气开关

8.3.1　空气开关的作用

用电线路中存在各种隐患，如家庭中的电磁炉、电烤箱、电热水器等大功率电器的超负荷使用增加了线路过载的危险;电气设备的老化、绝缘损坏都能引起短路;雷电带来的残余电压和感应雷可以冲击电气设备，使电器发生短路，导致燃烧，如图 8-17 所示。为了避免危险事故的发生，线路中一般会安装空气开关进行保护。

　　大功率电器超负荷　　　　　　　　短路隐患　　　　　　　　　　雷电灾害

图 8-17　用电线路中的各种隐患

空气开关又名空气断路器、低压断路器，是低压配电网络和电力拖动系统中重要的低压电器，它集控制和多种保护功能于一身，如图 8-18 所示。当电路中的电流超过额定电流时，空气开关就会自动切断电路，提供保护。除能完成接触和分断电路外，空气开关还能对电路或电气设备发生的短路、过载及欠压等进行保护，同时也可以用于不频繁地启动电动机。

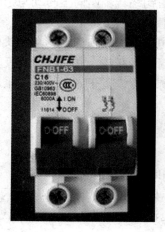

图 8-18　空气开关

8.3.2　空气开关的工作原理

空气开关的脱扣方式有热动脱扣、电磁脱扣和复式脱扣三种。空气开关的脱扣机构是一套连杆装置。当主触头通过操作机构闭合后,就被锁钩锁在合闸的位置。如果电路中发生故障,则有关的脱扣器将使脱扣机构中的锁钩脱开,于是主触点在释放弹簧的作用下迅速分断,如图 8-19 所示。

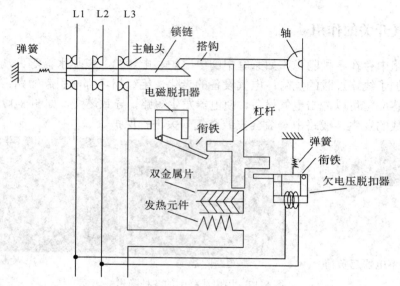

图 8-19　空气开关的原理图

当线路发生一般性过载时,过载电流虽不能使电磁脱扣器动作,但能使热元件产生一定热量,促使双金属片受热向上弯曲,推动杠杆使搭钩与锁钩脱开,将主触头分断,切断电源。

当线路发生短路或严重过载电流时,短路电流超过瞬时脱扣整定电流值,电磁脱扣器产生足够大的吸力,将衔铁吸合并撞击杠杆,使搭钩绕转轴座向上转动与锁钩脱开,锁钩在反力弹簧的作用下将三副主触头分断,切断电源。

在电压正常时,欠压脱扣器能够产生足够的电磁吸力吸住衔铁,主触头闭合。一旦电压严重下降或断电时,脱扣器的电磁吸力减小,衔铁被释放,并在弹簧的反力作用下向上运动撞击杠杆而使主触头断开,切断电源。当电源电压恢复正常时,必须重新合闸后才能工作,从而实现了失压保护。

8.3.3　空气开关的技术参数和规格型号

空气开关有两项重要的技术参数:额定电流和瞬时脱扣电流。

额定电流是指空气开关能长期通过的电流,只要电路中的实际电流不超过这一电流值,就允许设备长期工作;脱扣电流是最大断开电流,即当配电线路中出现过载或短路后,空气开关发生脱扣(即跳闸)保护动作时的电流。

家用空气开关的额定电流有 10 A、16 A、25 A、32 A、40 A、63 A 等多种规格。

空气开关的外部构造如图 8-20 所示。空气开关按照极数可分为 1P、2P、3P、4P 等型式，如图 8-21 所示。极数是指可以切断的导线数量。

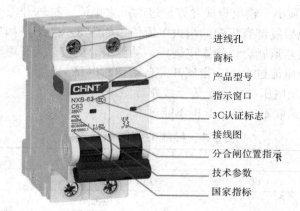

图 8-20　空气开关的外部构造示意

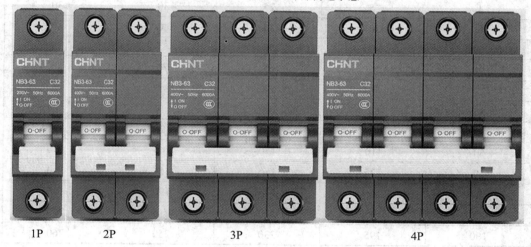

图 8-21　各种极数的空气开关

例如，空开的型号规格为 DZ47-63C40230V-6000A。其中，DZ 表示小型空气断路器；47 表示设计序号；63 表示该规格最大型号；C40 表示普通照明用额定电流为 40 A；230 V 表示额定电压；6000 A 表示额定运行短路分断能力。规格参数中的 C 代表民用系列，如家用照明等，C16 就代表额定电流为 16 A 的民用照明系列空气开关。D 代表工业系列，多用于电机类设备。

此外，空气开关还有一个瞬间跳闸的过流保护功能，C16 表示整定的瞬时脱扣电流为其额定值的 4～6 倍，即额定电流为 16 A，瞬间保护电流则为 64 A～96 A，不同的空气开关保护范围不同；D 系列瞬时脱扣电流是额定电流的 8～10 倍。

8.3.4　空气开关的选择

空气开关(断路器)在家庭供电中作总电源保护开关或分支线保护开关用。

1. 选择原则

空气开关选取的原则如下：

(1) 脱扣电流必须小于输电导线允许通过的最大电流。空气开关的主要作用是保护电器和输电线路。输电导线都有规定的最大电流值，如表 8-1 所示，如果实际电流超过这个规定值，电线产生的热量就会使绝缘皮烧坏，甚至引起火灾。为了避免这种事故，电路里安装了空气开关，当电流过大时，空气开关自动切断电路，起到保护作用。

(2) 空气开关额定电压必须大于等于线路额定电压。

(3) 额定电流的选取不能偏小，也不能过大。

表 8-1　导线的截面积与电流

线径(大约值) /mm²	铜线温度/℃			
	60	75	85	60
	电流/A			
2.5	20	20	25	25
4	25	25	30	30
6	30	35	40	40
8	40	50	55	55
14	55	65	70	75
22	70	85	95	95
30	85	100	110	110
38	95	115	125	130
50	110	130	145	150
60	125	150	165	170
70	145	175	190	195
80	165	200	215	225
100	195	230	250	260

如果选择得偏小，则断路器易频繁跳闸，引起不必要的停电；如果额定电流选择过大，则达不到预期的保护效果，因此正确选择额定电流大小很重要。额定电流要等于或稍大于配电线路最大的正常工作电流。

2. 选择步骤

空气开关的选择步骤如下：

(1) 根据配置导线的粗细，核算空气开关的额定电流。常用的家装导线的线径如图 8-22 所示，1.5 mm² 线配 C10 的开关，2.5 mm² 线配 C16 或 C20 的开关，4 mm² 线配 C25 的开关，6 mm² 线配 C32 的开关。

(2) 计算电路中用到的电器的总功率。以 3P 的空调为例，若采用 220 V 供电，则其额定功率为 735 × 3=2.205 kW(1 P=735 W)。根据电工速算公式核算额定电流，额定电流为 8 × 2.205≈17.6 A。再考虑最大 2200 W 的电辅热功率，则最大运转电流为 27.6 A，附加一定比例的电流裕量，因此宜选择标准型号 C32 的空气开关(其额定电流为 32 A)。

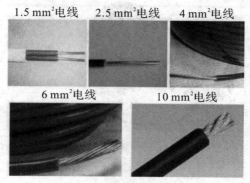

图 8-22　家装导线的截面积

（3）综合考虑线径和用电器总功率选择合适的空气开关。仅根据用电器的总功率选用空气开关，当电路中的用电器过多、总功率过大时，有可能烧坏输电导线，而空气开关却不跳闸，起不到保护线路的作用。因此，不能单凭用电器的总功率选择空气开关，同时要考虑输电导线。

8.3.5　空气开关和漏电保护器的区别

空气开关与漏电保护器的区别在于：

（1）空气开关在超过了它的额定电流时会跳闸，漏电保护器则是超过额定电流或者发生漏电时都会跳闸。

（2）漏电保护器除了具有空气开关的短路保护、过载保护等基本功能外，还有漏电保护的功能，能在负载回路出现漏电时迅速分断开关。

（3）漏电保护器不能代替空气开关。漏电保护器在运行中可能因为漏电可能性的存在而出现经常跳闸的现象，导致负载经常出现停电，影响电气设备的持续、正常运行。所以漏电保护器一般在施工现场临时用电或工业与民用建筑的插座回路中采用。

8.4　照　明　开　关

照明开关是指一般规格的灯具开关。照明开关的种类很多，以下介绍几种最常见的开关。

8.4.1　拉线开关

拉线开关属于一种固定于墙壁上的老式开关，如图 8-23 所示，在 20 世纪 80 年代前曾被广泛应用于控制照明灯具。

拉线开关里面的中间位置有一个四等分的棘轮(棘轮具有单向旋转的性质)，分别是两组有金属和两组无金属的设置，拉线连接着一个类似扳机的拨片，拨片控制着棘轮转动，每次转动 90°，拨片靠一个挂钩弹簧复位。棘轮上压着一个金属连接片，连接片连一极，棘轮上四个等分区域有两个安装着导体片，并和轴导通连接另一极；当拨片转动使压片处于有导体片区域时，电路接通，反之断路。

图 8-23　拉线开关

当初始位置压片处于非导体片区域时，灯处于熄灭的状态。用力拉一下拉绳，棘轮转动一个角度，压片切换至导体片区域，开关里面的触点接通，灯亮；再次拉一下拉绳，棘轮又向前转一个角度，压片再次切换至非导体片区域，触点断开，灯熄灭；再拉一下拉绳，棘轮就又再向前转一个角度，开关里面的触点又接通……开关就是在拉绳的控制下，这样周而复始地工作，控制着灯的亮灭。

8.4.2　小按钮开关

如图 8-24 所示，小按钮开关即指甲型面板开关(也叫拇指开关)，于 20 世纪 90 年代开始流行。与拉线开关相比，小按钮开关无需拉绳，被固定在墙壁上，使用方便，耐用性好，也更加美观，在国内盛行了十多年。小按钮开关的缺点是按键小、操作舒适度差，目前市面上已经很少见到。

图 8-24　小按钮开关的正面和反面

8.4.3　大翘板开关

大翘板开关(简称为翘板开关)与小按钮开关相比，按键大，手感舒适，造型更加大方、时尚。近些年翘板开关在外形和工艺上不断寻求突破，至今仍被广泛应用。

1. 安装方式

翘板开关有两种安装方式，即明装和暗装。

明装的翘板开关和底盒是一体的，安装时需要布明线，底盒裸露在墙壁的外面，安装后开关比墙面要高出 3 cm，如图 8-25(a)所示。明装开关安装速度快，维修方便，与暗装方式相比，美观性欠缺。

暗装开关先要在墙面上开槽，在槽内布线，开关底盒也是镶嵌在墙壁中，如图 8-25(b) 所示。安装好以后，开关只稍稍高出墙面一点点，安装效果比较美观，安全性也更高。

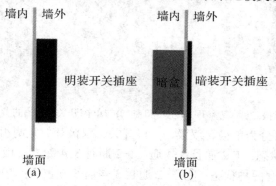

图 8-25　开关明装与暗装示意图

家用翘板开关在房间装修时进行安装一般采取暗装的方式。公共走廊、毛坯房、阳台 或者已装修房屋需要增补的照明开关往往采取明装的方式，如图 8-26 所示。

图 8-26　明装开关(右)与暗装开关(右)

此外，与暗装开关相比，可供选择的明装开关的品牌和种类都较少。

2. 分类

(1) 按照控制面板上翘板的数量，可分为单开、双开、三开和四开(或者称作一位、两 位、三位、四位，一联、两联、三联、四联)，是指在一个控制面板上布置的开关数量，如 图 8-27 所示。

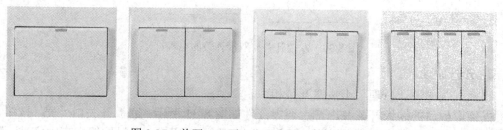

图 8-27　单开、双开、三开和四开的翘板开关

(2) 按照开关控制位置，可分为单控开关和双控开关。单控开关是只可在一个位置控 制(背板上有两个接线柱)；双控开关(背板上有三个接线柱，其中一个为公共端)是在两个不 同的位置控制同一个设备，实现灯具的两地控制。双控开关和单控开关的背板构造如图 8-28 所示。

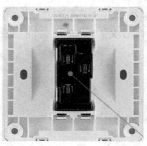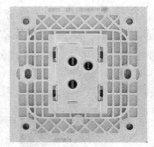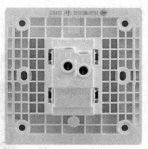

图 8-28　双控开关(左一和左二)与单控开关(右一)的背板

(3) 按照极数,可分为单极、双极、三极开关。双极开关是两组触点,有四个接点,如 1、2、3、4;有两种状态:1-2 通且 3-4 通,1-2 断且 3-4 断。三极开关有六个触点,如 1、2、3、4、5、6,也只有两种状态:① 1-2 通且 3-4 通 5-6 也通;② 1-2 断且 3-4 断 5-6 也断。双极开关的背面如图 8-29 所示,按动开关时将同时接通或断开 L1-L2 和 N1-N2。

图 8-29　双极开关的背面图

单极开关只能控制单个回路如照明灯开关;双极开关可双线控制单回路,如同时控制一个照明灯、热水器或者空调等单个设备的火线和零线,实现零火线双断和双通,也可以同步控制两个回路,如一路电热再加一路照明等。

双控开关和双极开关的电气符号如图 8-30 所示。双控开关类似单刀双掷,双极开关类似双刀双掷。

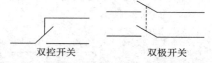

图 8-30　双控开关与双极开关的电气符号

3. 开关原理

翘板开关的设计原理与小按钮开关相似。

去掉面板后的翘板开关及内部主要零部件如图 8-31 所示。翘板开关由外壳、按钮、塑料圆顶轴、金属接线端子(带触点)和金属翘板片(带触点)组成。塑料按钮内有中空柱,塑料圆顶轴及微型弹簧刚好置入,轴的圆顶部分压在金属翘板片中间。金属翘板片一端或两端的触点,与接线端子的触点位置对应。当按压按钮时,圆顶轴沿着翘板片上下移动,从而实现触点之间的连通或断开。翘板开关的安装如图 8-32 所示。

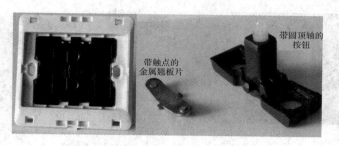

图 8-31　去掉面板后的翘板开关及内部主要零部件

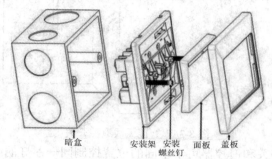

图 8-32　翘板开关安装示意图

8.4.4　智能开关

1. 触控开关

触控开关如图 8-33 所示，操作舒适、手感极佳、控制精准、没有机械磨损。触控开关没有金属触点，不放电、不打火；面板采用钢化玻璃，在一定程度上可预防触电风险，湿手也能操作面板；面板显示的图形和文字由用户定制；采用电容式触控方式，可在 50 ms 内极速响应。

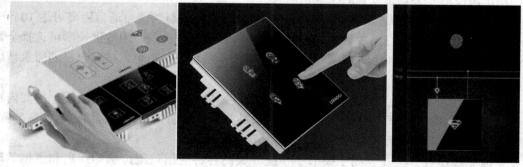

图 8-33　触控开关

2. 智能无线遥控开关

智能无线遥控开关一般由主开关、遥控器和随意贴开关组成，如图 8-34 所示。主开关内设置有低功耗的 MCU 芯片以及无线通信芯片。遥控器和随意贴开关内也装有无线通信模块，可以发送无线信号来控制主开关。随意贴开关既是开关又是遥控器，背后有双面胶，可随意粘贴在墙上的任意位置。

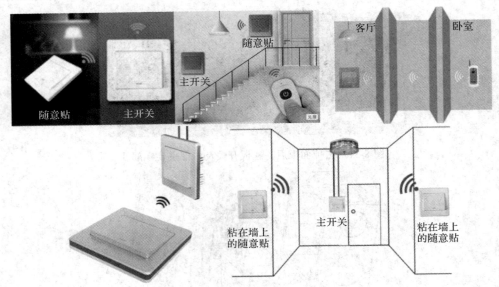

图 8-34　智能无线遥控开关

　　主开关、随意贴开关和遥控器可于不同的位置控制同一盏灯的亮灭。主开关与灯具之间由线路连接，可本地直接控制灯的亮灭；随意贴开关和遥控器可远距离控制主开关，进而控制灯的亮灭。智能无线遥控开关适用于 100 W 以内的电子节能灯、LED 灯和日光灯。

　　智能无线遥控开关具有以下优点：

　　(1) 信号稳定、抗干扰能力强。随意贴开关和遥控器采用高频的射频信号与主开关之间进行无线通信，能有效避免电磁干扰。随意贴开关采用独立编码设置，多个开关之间互不干扰。

　　(2) 随意贴开关的粘贴位置和高度不受限制。一路主开关可以配多个随意贴开关。随意贴开关的设置解决了传统开关布线不合理的困扰，方便了行动不便的老人和小朋友开关灯，满足用户对开关安装位置的个性化需求。

　　(3) 可远距离遥控以及穿墙控制灯具。例如 315 MHz 的射频信号通信距离可达 10 m～30 m，可实现穿墙控制灯具。如此，遥控器可以控制多个主开关，通过遥控器可选择全开或全关功能，出门后、睡觉时可以不需走动就关闭全部灯具，也可以按照自己的需求精确地控制每一盏灯。

　　(4) 免布线。智能无线遥控开关可以轻松地直接替换传统开关，无需改线。房间内初次安装开关时，除了主开关需要布线以外，随意贴开关可以随意布置在房间内的任意位置，不需额外开槽布线，从而节约了时间和成本。

　　智能无线遥控开关在使用上突破了传统开关的各种应用局限，例如距离和遮挡的限制，解决了实际生活中关于开关使用的各种困扰，极大地拓展了照明开关在使用上的便利性和灵活性。

　　主开关有一位、两位、三位等不同规格可以选择，主开关一般采用单火线取电，无需接零线，如图 8-35 所示。

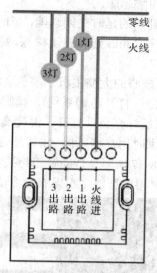

图 8-35 单火线主开关接线图

3. 带 AI 语音控制的物联智能开关

灯的亮灭除了受到智能开关的直接控制外，还可以通过手机 APP 远程控制或者 AI 智能音箱进行语音控制。

照明控制系统属于智能家居物联网的一个子系统。此时的智能照明开关需要搭配其他很多智能设备才能使用。其中最核心的设备是智能主机(也叫智能管家)和 AI 智能音箱。智能主机类似于人类的大脑中枢，可以接收手机 APP 发送来的远程命令，也可以接收 AI 智能音箱传送的语音指令，控制智能开关开启或关闭灯。AI 智能音箱不仅仅是音箱，还具有精准的语音交互能力，能够听懂语音命令并做出回答和执行命令。

带 AI 语音控制的物联智能开关的主要功能如下：

(1) 手机 APP 远程控制功能。离家在外时可以通过手机 APP 控制家中的智能开关开启或者关闭某盏灯。如图 8-36 所示，该信号先后经过云端、家中路由器、智能主机的传输，最终将信号传给智能开关。信息的双向反馈可以让用户实时掌握家中灯具的开关状况。

图 8-36 智能开关灯控原理

手机 APP 可以设置智能开关的定时功能。用户可以根据自己的生活习惯设置定时开关灯。例如定时早晨 6:30 开灯，叫醒起床。

手机 APP 还可以设置智能开关的延时关闭功能，延时时间可设置。例如设置门灯为延时关闭，则门灯打开后就自动进入 2 min 延时关闭状态，厕所排气扇打开后自动进入 30 min 延时关闭状态。

(2) 情景自定义功能。搭配核心的大脑主机，手机 APP 可以定制各种场景模式，例如离家模式(关闭所有灯，关闭电器，打开防御系统)、睡眠模式(关闭所有灯，开启地脚灯，关闭窗帘)、回家模式(开门回家后灯光自动打开，温度高了则自动开启空调制冷)等。

(3) AI 语音控制功能。在家时用户可以向 AI 智能音箱发布语音命令。例如"打开客厅灯""关闭主卧灯"等，如图 8-37 所示。智能音箱将接收到的语音命令经过分析整理后，语音命令信息传送给智能主机，再由智能主机发布命令给智能开关。

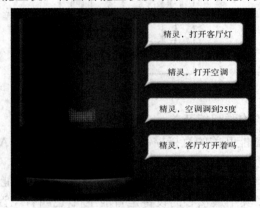

图 8-37　向 AI 智能音箱发布语音命令

(4) 多设备智能联动。人体感应传感器与灯具智能开关联动。如图 8-38 所示，用户开门进家后，进门处人体感应传感器启动，通过智能联动，门灯、走廊灯和客厅的灯自动亮起，热水器、空调、电视打开；用户在进门处换好鞋子，通过走廊坐到客厅沙发上，进门处人体传感器感应到人离开后，进门灯和走廊灯自动关闭。

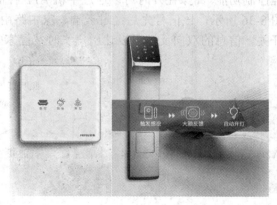

图 8-38　情景联动

此外，用户还可以根据不同的场景设置人体感应距离，比如厕所的灯设置 2 m 的感应距离，走廊设置 4 m 的感应距离。只有当人体靠近厕所距离在 2 m 以内时，厕所灯才打开，远离走廊超过 4 m，走廊灯自动关闭。

有的智能开关已经内置人体感应功能，人进门后灯自动打开，离开则灯自动关闭。物联智能开关的应用使用户体验到智能时代的来临。

第 8 章习题

一、单选题

1. 断路器的选用应先确定断路器的(　　)，然后才进行具体参数的确定。
A. 额定电流　　　　　B. 类型　　　　　C. 额定电压

2. 断路器是通过手动或电动等操作机构使断路器合闸，通过(　　)装置使断路器自动跳闸，达到保护目的。
A. 活动　　　　　　　B. 自动　　　　　C. 脱扣

3. 漏电保护断路器在设备正常工作时，电路电流的相量和为(　　)。
A. 负　　　　　　　　B. 正　　　　　　C. 零

二、判断题

1. 胶壳开关不适合用于直接控制 5.5 kW 以上的交流电动机。　　　　　　　(　　)

2. 漏电断路器在被保护电路中有漏电或有人触电时，零序电流互感器就产生感应电流，经放大使脱扣器动作，从而切断电路。　　　　　　　　　　　　　　(　　)

3. 漏电开关跳闸后，允许采用分路停电再送电的方式检查线路。　　　　　(　　)

4. 漏电开关只在有人触电时才动作。　　　　　　　　　　　　　　　　　(　　)

5. 空气开关具有过载、短路和欠压保护的作用。　　　　　　　　　　　　(　　)

第9章　民用照明电路

9.1　接　线　操　作

在进行电路实操之前首先需要了解正确、安全的接线操作。

1. 选择电线的颜色

按照《建筑电气工程施工质量验收规范》GB50303—2011，火线一般采用黄色(A 相)、绿色(B 相)和红色(C 相)，零线采用淡蓝色，保护接地线采用黄绿双色线，如图 9-1 所示。

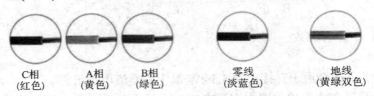

C相	A相	B相	零线	地线
(红色)	(黄色)	(绿色)	(淡蓝色)	(黄绿双色)

图 9-1　导线的颜色标识

2. 电线剥皮

电线剥皮可选择的工具有剥线钳、小剪刀或者斜口钳等。选择剥线钳时应选用比导线直径稍大的刃口。

比较细的导线还可以选择加热的方法，加热至导线外部绝缘层软化后可方便地剥下。

剥皮的部分不宜太长，与接线柱的长度相适应为好，应尽量避免剥皮部分裸露在接线柱外，以免增加接线操作的危险性，如图 9-2 所示。

线头对折处理方法　　常规电线处理方法　　剥皮部分尽量避免裸露在接线柱外

图 9-2　导线削皮部分的处理方法

3. 导线接头的处理

导线的接头应满足以下基本要求：

(1) 导线的接头要求应接触紧密和牢固可靠。导线的接头连接不紧密会造成接头发热。

(2) 接头的接触电阻小。其电阻不得大于导线本身的电阻值。

(3) 足够的机械强度。其强度不得低于原导线强度的 90%。

(4) 良好的绝缘性能。接头处所包缠的绝缘强度不低于原导线的绝缘强度。

(5) 接头时不能损伤导线。接头的导电能力不得小于原导线的导电能力。

(6) 接头处在运行后不能受腐蚀。

9.2　单控日光灯电路实操

9.2.1　单控与双控

对家用照明灯的开关控制方式常见的有单控和双控，即单控灯和双控灯。单控灯即为需要独立控制灯光的一盏灯，只需一个面板开关，可选择单开单控开关；双控灯是指两处不同的地方都能控制灯光的一盏灯，需要两个面板开关，开关的类型应选择单开双控开关。

单控日光灯实操所用到的单控开关，也叫单投开关，背板上只有两个接线柱，如图 9-3 所示。

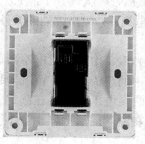

图 9-3　单控开关正面和背面

9.2.2　日光灯的电路原理

日光灯的控制电路一般由灯管、镇流器、启辉器构成，如图 9-4 所示。

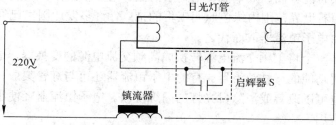

图 9-4　日光灯电路原理

灯管内含有水银蒸汽和少量的惰性气体(氩气)，管壁上涂有荧光物质。灯管内的惰性气体在高压下电离后，形成气体导电电流。

日光灯启动时需要一个较高的击穿电压，正常发光时只允许较低的电流通过。镇流器不仅可以在启动时产生较高电压，同时可以在日光灯工作时降压限流。

启辉器主要是一个充有氖气的小氖泡，里面装有两个电极，一个是静触片，一个是由两个膨胀系数不同的金属制成的 U 形动触片(双层金属片——当温度升高时，因两层金属片的膨胀系数不同，且内层膨胀系数比外层膨胀系数高，所以动触片在受热后会向外伸展)，如图 9-5 所示。启辉器中电容器的作用是避免产生电火花。

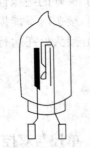

　　当开关接通时，电源电压立即通过镇流器和灯管灯丝加到启辉器的两极。220 伏的电压立即使启辉器的惰性气体电离，产生辉光放电。辉光放电的热量使双金属片受热膨胀，辉光产生的热量使 U 形动触片膨胀伸长，跟静触片接通，于是镇流器线圈和灯管中的灯丝就有电流通过。电流通过镇流器、启辉器触极和两端灯丝构成通路。灯丝很快被电流加热，发射出大量电子。这时，由于启辉器两极闭合，两极间电压为零，辉光放

图 9-5　启辉器结构示意

电消失，管内温度降低，双金属片自动复位，两极断开。在两极断开的瞬间，电路电流突然切断，镇流器产生很大的自感电动势，与电源电压叠加后作用于管两端。灯丝受热时发射出来的大量电子，在灯管两端高电压作用下，以极大的速度由低电势端向高电势端运动。在加速运动的过程中，碰撞管内氩气分子，使之迅速电离。氩气电离生热，热量使水银产生蒸汽，随之水银蒸汽也被电离，并发出强烈的紫外线。在紫外线的激发下，管壁内的荧光粉发出近乎白色的可见光。

　　日光灯正常发光后。由于交流电不断通过镇流器的线圈，线圈中产生自感电动势，自感电动势阻碍线圈中的电流变化。镇流器起到降压限流的作用，使电流稳定在灯管的额定电流范围内，灯管两端电压也稳定在额定工作电压范围内。由于这个电压低于启辉器的电离电压，因此并联在两端的启辉器也就不再起作用了。

9.2.3　电子镇流器

　　镇流器分为电子式和电感式两种。镇流器是一个带铁芯的自感线圈，自感系数很大。镇流器在灯管启动时产生瞬时高压，在灯管正常工作时起降压限流作用。

　　电感镇流器具有能耗高、效率低、功率因数低等诸多缺陷，且在制造过程中要消耗大量的有色金属。随着世界范围内绿色照明工程的推广，许多发达国家已经逐步淘汰了传统的电感镇流器，由电子镇流器取而代之。

　　电子镇流器是一个将工频交流电源转换成高频交流电源的变换器，是利用电子技术驱动光源来完成照明功能的一种镇流器。有的电子镇流器还可与灯管集成在一起，可以兼具启辉器的功能，也可以改善或消除日光灯的闪烁现象。电子镇流器轻便小巧，在日常生活中得到了广泛的应用。

　　电子镇流器的基本工作原理是：工频电源经过射频干扰滤波器、全波整流和无源功率因素校正器后，变为直流电源。通过 DC/AC 变换器，输出 20 kHz～100 kHz 的高频交流电源，加到与灯连接的 LC 串联谐振电路来加热灯丝，同时在电容器上产生谐振高压，加在灯管两端，使灯管从放电变成导通状态，再进入发光状态。

图 9-6　电子镇流器外形图

　　电子镇流器的外形图如图 9-6 所示，镇流器与灯管的配比有一拖一、一拖二、一拖三和一拖四等多种规格。例如飞利浦镇流器 EB-C218，EB 即电子镇流器，C2 即一拖二，C218 意为可配功率为 18W 的两根灯管。

9.2.4　单控日光灯实物接线图示例

　　单控日光灯实操需要准备的器件：2 极刀开关一个、1P+N 漏电保护器(型号为 C32)一个、单开单控开关一个、一拖二的飞利浦电子镇流器(型号为 EB-C218)一个、18W 的日光灯两根、日光灯灯脚 4 只，以及截面规格为 2.5 mm² 红色、紫色、黄绿双色线和蓝色单股硬线若干。

　　接线时，首先将灯管固定在灯座上，灯座如图 9-7 所示。安装时，将灯管插入灯座中同时转动即可固定。单控日光灯的接线如图 9-8 所示。图中所用电子镇流器为飞利浦一拖二镇流器 EB-C218。镇流器的一侧接电源线，另一侧接两根灯管的灯座。

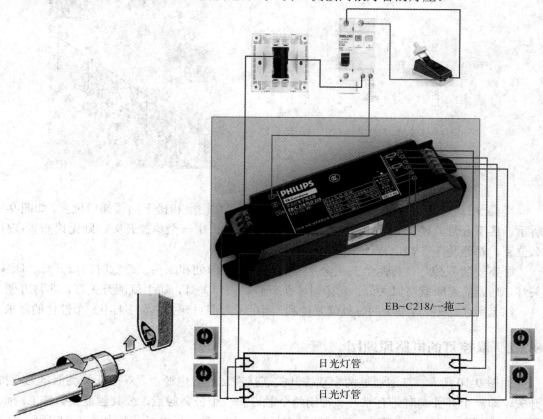

图 9-7　灯管安装入灯座示意图　　　　　　　　图 9-8　单控日光灯接线

　　具体接线时需注意下列事项：

　　(1) 不同的接线要有颜色标识。例如，此处可选火线为红色，零线为蓝色。

　　(2) 开关一定接在火线上。

　　(3) 零火线的位置选取原则：左零右火。

9.3　双控灯电路实操

9.3.1　双控灯的用途

如图 9-9 所示，一盏灯由两处开关控制，这就是双控灯的特点。在家里适合安装双控灯的场所：

(1) 卧室灯，最好在床头和进门分设双控开关；

(2) 长通道灯源，应在长通道两端分别留有控制开关；

(3) 楼梯间照明，应在楼梯口两端装设双控开关。

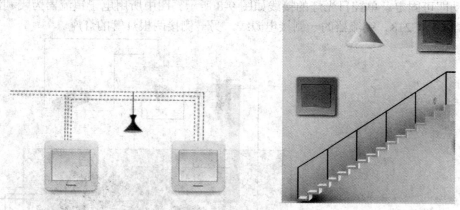

图 9-9　双控灯示意图

楼梯灯设置为双控灯，将两个双控开关分别布置在楼上和楼下的楼梯口位置，如图 9-9 所示。楼下开灯，楼上关灯，避免了摸黑回卧室。若采用一个单控开关，则无论布置在什么位置，都避免不了楼上楼下来回跑的麻烦。

卧室安装双控灯，将两个开关分别布置在卧室进门处和床头。睡觉时门口开灯、床头关灯，则无需起床就可以关灯；起床时床头开灯、门口关灯，随手就能开关灯，非常方便。

综上所述，双控灯最大的好处就是便利，满足了人们对开关位置多样化、个性化的需求。

9.3.2　双控灯的电路原理图

如图 9-10 所示，灯泡通过两个双控开关连接在 220 V 电源上。双控开关类似单刀双掷开关，即一个开关同时带有常开、常闭两个触点和一个公共触点，公共触点要么和 L1 通，要么和 L2 通，每按一次开关，接通的触点切换一次。若开关初始位置如图 9-10 所示，L1 与 L2 交叉相连，则电路断开，灯泡不亮；按动任何一个开关翘板，必有一对触点使电路接通，灯泡点亮；再按动任意一个开关翘板，触点状态切换，灯泡熄灭。以此循环往复，灯泡交替亮灭。因此，以上电路保证了按动任意位置处的双控开关都能够方便地切换灯的状态。

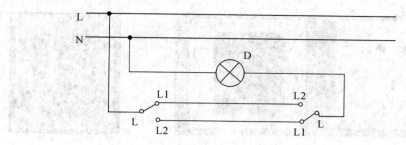

图 9-10　双控灯的电路原理图

9.3.3　双控灯的实物接线图

双控灯电路接线需要准备的器件有：单开双控开关两个、螺口灯泡一只、灯泡底座一个、220V 电源，以及截面规格为 2.5 mm^2 的红色、黄色和蓝色单股硬线若干。

单开双控开关与单开单控开关从前面无法区分，最大的区别在背面。单控开关背面只有 2 个接线柱，双控开关背面有 3 个接线柱，如图 9-11 所示，其中 L 是公共端，L1 是常闭触点，L2 是常开触点。开关翘板在上时公共端接通 L1、断开 L2，开关翘板在下时断开 L1、接通 L2。

单开双控接线如图 9-12 所示，两个公共端一个接火线，一个接电灯，两个开关的 L1 和 L2 分别与对方的 L2 和 L1 相连；灯泡的底座两根线，一根连零线，一根连公共端 L。

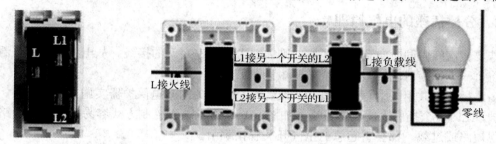

图 9-11　单开双控开关接线端子　　　　　　　图 9-12　单开双控接线图

9.4　分控插座电路实操

9.4.1　五孔插座简介

五孔插座是家庭中最常用的一种分控插座形式。如图 9-13 所示的插座正面，上面 2 孔，下面 3 孔，所以通常叫五孔插座，即二三极插座。上边为二极插座，左边插孔接零线，右边插孔接火线；下面为三极插座，3 个孔之中上面插孔接地线，下面 2 孔左零右火。

早期的五孔插座的背板上是 5 个接线柱，现在生产的五孔插座背板上只有 3 个接线柱，如图 9-13 所示。在插座的内部已经将 2 个火线插孔和 2 个零线插孔短接，如图 9-14 所示。

图 9-13　五孔插座正面和背面

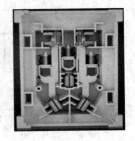

图 9-14　五孔插座内部

五孔插座背板上的 3 个接线柱，标识 L 的为火线，标识 N 的为零线，中间的插孔为地线，如图 9-15 所示。

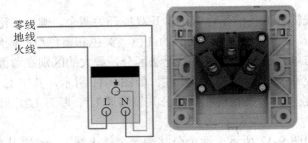

图 9-15　五孔插座 3 个接线柱

9.4.2　分控插座的电气原理

若要在房间内同时布置多个插座，则需要考虑插座之间的接线。从电路原理上来看，只要将每一个插座对应位置的接线端子短接即可。

多路插座可共用一个总的空气开关或者带空气开关的漏电保护器实施控制和短路、过载保护，此时多个插座之间的电气连接如图 9-16 所示。这种控制方式容易导致任何一路插座出现短路或过载，都会引起总的空气开关脱扣跳闸。

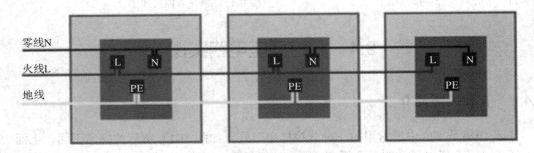

图 9-16　多插座连接示意图

若要对每一路插座分别进行控制和保护，就需要给每一个插座配置独立的空气开关，这就是分控插座的概念。分控插座避免了插座之间的彼此影响。

两路分控插座的电气原理如图 9-17 所示，入户电源线先后经过刀开关、带空气开关的漏电保护器或者总的空气开关出来，其中零线直接与插座零线相连，而火线则分成两路，每路火线经由一个单极空气开关再与插座火线相连，实现了对插座的独立控制。

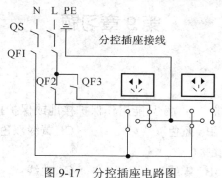

图 9-17　分控插座电路图

9.4.3　分控插座实物接线图示例

分控插座接线需要准备的器件：二极刀开关一个、2P 或者 1P+N 的漏电保护器一个、1P 的空气开关两个、常规的 86 型五孔插座两个，以及截面规格为 2.5 mm² 红色、黄绿双色和蓝色单股硬线若干。

如图 9-18 所示为两路分控插座的实物接线图。图中火线采用红色导线，零线采用蓝色导线。图中的 PE 标识表示保护导体，即通常所说的"地线"，我国规定 PE 线为绿黄双色线。

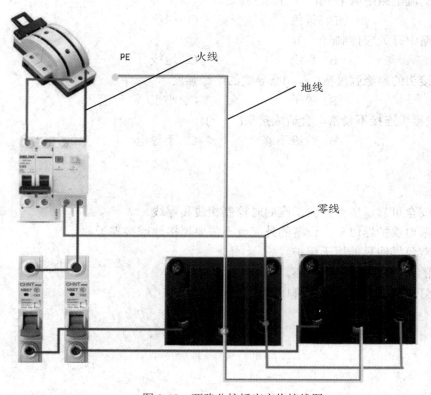

图 9-18　两路分控插座实物接线图

第9章习题

一、单选题

1. 按照国际和我国标准(   )线只能用作保护接地或保护接零线。
A. 黑色   B. 蓝色   C. 黄绿双色线

2. 单相三孔插座的上孔接(   )。
A. 相线   B. 零线   C. 地线

3. 低压线路中的零线采用的颜色为(   )。
A. 淡蓝色   B. 深蓝色   C. 黄绿双色

4. 胶壳刀开关接线时，电源线接在(   )。
A. 上端(静触点)   B. 下端(动触点)   C. 两端都可

5. 螺口灯头的螺纹应与(   )相接。
A. 相线   B. 零线   C. 地线

6. 相线应接在螺口灯头的(   )。
A. 螺纹端子   B. 中心端子   C. 外壳

7. 三相交流电路中 A 相用(   )颜色标记。
A. 红色   B. 黄色   C. 绿色

8. 在电路中开关应控制(   )。
A. 相线   B. 零线   C. 地线

9. 导线接头的绝缘强度应(   )原导线的绝缘强度。
A. 大于   B. 等于   C. 小于

10. 导线接头连接不紧密，会造成接头(   )。
A. 发热   B. 绝缘不够   C. 不导电

二、判断题

1. 为了安全可靠，所有开关都应同时控制相线和零线。   (   )
2. 接了漏电保护器以后，设备的外壳就不需要再接地或接零了。   (   )
3. 黄绿双色导线只能用于保护线。   (   )
4. 螺口的台灯应采用三孔插座。   (   )
5. 日光灯点亮后，镇流器起降压限流的作用。   (   )

第三部分　三相异步电动机控制电路实操

第 10 章　三相异步电动机概述

电动机是把电能转换成机械能的一种设备,它是利用通电线圈(即定子绕组)产生旋转磁场并作用于转子形成磁电动力来产生旋转扭矩的。

10.1　电动机的分类

交流电动机是实现机械能与交流电能之间互相转换的一种装置,其可以分为以下几类:

(1) 按其使用电源不同,交流电动机可分为直流电动机和交流电动机两大类。三相交流电动机中,由于产生磁场和力矩都是由定子电压完成的,互相很难解耦,又不能独立控制,所以,交流传动比直流传动更加复杂。但是交流电动机制造简单,维护简易,耐用而且成本低,得到了广泛的应用。电力系统中的电动机大部分是交流电动机。

(2) 按其原理不同,交流电动机可分为同步电动机和异步电动机两大类。同步电动机的旋转速度与交流电源的频率有严格的对应关系,在运行中转速严格保持恒定不变;异步电动机的定子磁场转速与转子旋转转速不保持同步,转速随着负载的变化稍有变化。

(3) 按其所需交流电源相数的不同,交流电动机可分为单相和三相两大类。目前使用最广泛的是三相异步电动机,这是由于三相异步电动机具有结构简单、价格低廉、坚固耐用、使用维护方便等优点。在没有三相电源的场合及一些功率较小的电动机则广泛使用单相异步电动机。

(4) 按其转子结构的不同,交流电动机可分为鼠笼式和绕线式两大类。其中鼠笼式应用最为广泛。

10.2　三相异步电动机的工作原理

1. 磁铁旋转对导体的作用

下面通过一个实验来说明异步电动机的工作原理。实验原理如图 10-1(a)所示,在一个马蹄形的磁铁中间放置一个带转轴的闭合线圈,当摇动手柄来旋转磁铁时发现,线圈会跟随着磁铁一起转动。为什么会出现这种现象呢?

图 10-1(b)是与图 10-1(a)对应的原理简化图。当磁铁旋转时,闭合线圈的上、下两段导线会切割磁铁产生的磁场,两段导线都会产生感应电流。由于磁铁沿逆时针方向旋转,假设磁铁不动,那么线圈就被认为沿顺时针方向运动。

线圈产生的电流方向判断:从图 10-1(b)中可以看出,磁场方向由上往下穿过导线,上段导线的运动方向可以看成向右,下段导线则可以看成向左,根据右手定则可以判断出线圈的上段导线的电流方向由外往内，下段导线的电流方向则由内往外。

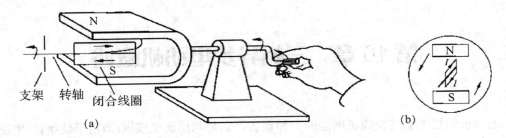

图 10-1　单匝闭合线圈旋转原理

　　线圈运动方向的判断：当磁铁逆时针旋转时，线圈的上、下段导线都会产生电流，载流导体在磁场中会受到力，受力方向可根据左手定则来判断，判断结果可知线圈的上段导线受力方向往左，下段导线受力方向往右，这样线圈就会沿逆时针方向旋转。

　　如果将图 10-1 中的单匝闭合导体转子换成图 10-2(a)所示的鼠笼式转子，然后旋转磁铁，结果发现鼠笼式转子也会随磁铁一起转动。图中鼠笼式转子的两端是金属环，金属环中间安插多根金属条，每两根相对应的金属条通过两端的金属环构成一组闭合的线圈，所以鼠笼式转子可以看成是多组闭合线圈的组合。当旋转磁铁时，鼠笼式转子上的金属条会切割磁感线而产生感应电流，有电流通过的金属条受磁场的作用力而运动。根据图 10-2 (b)可分析出，各金属条的受力方向都是逆时针方向，所以鼠笼式转子沿逆时针方向旋转起来。

图 10-2　鼠笼式转子旋转原理

　　综上所述，当旋转磁铁时，磁铁产生的磁场也随之旋转，处于磁场中的闭合导体会因此切割磁感线而产生感应电流，而有感应电流通过的导体在磁场中又会受到磁场力，在磁场力的作用下导体旋转起来。

2. 异步电动机的工作原理

　　采用旋转磁铁产生旋转磁场让转子运动，并没有实现电能转换成机械能。实践和理论都证明，如果在转子的圆周空间放置互差 120° 的 3 组绕组，如图 10-3 所示，然后将这 3 组绕组按星形或三角形接法接好(图 10-4 是按星形接法接好的 3 组绕组)，将 3 组绕组与三相交流电压接好，有三相交流电流流进 3 组绕组，这 3 组绕组会产生类似图 10-2 所示的磁铁产生的旋转磁场，处于此旋转磁场中的转子上的各闭合导体有感应电流产生，磁场对有电流流过的导体产生作用力，推动各导体按一定的方向运动，转子也就运转起来了。

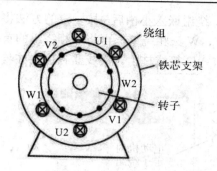

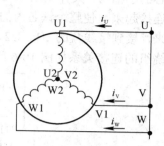

图 10-3　三相电动机互差 120° 三绕组图　　　图 10-4　3 组绕组与三相电源星形(Y 形)连接图

图 10-3 实际上是三相异步电动机的结构示意图。绕组绕在铁芯支架上，由于绕组和铁芯都固定不动，因此称为定子，定子中间是鼠笼式的转子。转子的运转可以看成是由绕组产生的旋转磁场推动的，旋转磁场有一定的转速。旋转磁场的转速(又称同步转速)n、三相交流电的频率 f 和磁极对数 p(一对磁极有两个相异的磁极)有以下关系：

$$n = 60\frac{f}{p}$$

例如，一台三相异步电动机定子绕组的交流电压频率 $f = 50$ Hz，定子绕组的磁极对数 $p = 3$，那么旋转磁场的转数 $n = 60 \times 50/3 = 1000$(r/min)。

电动机在运转时，其转子的转向与旋转磁场方向是相同的，转子是由旋转磁场作用转动的，转子的转速要小于旋转磁场的转速，并且要滞后于旋转磁场的转速，也就是说，转子与旋转磁场的转速是不同步的。这种转子转速与旋转磁场转速不同步的电动机称为异步电动机。

10.3　三相异步电动机的结构

三相异步电动机主要由定子和转子两个部分组成，如图 10-5 所示。

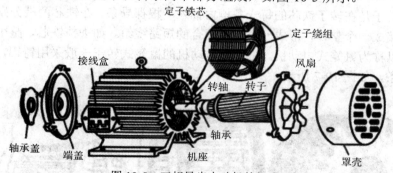

图 10-5　三相异步电动机的组成

1. 定子部分

定子部分包括机座、定子铁芯和定子绕组。机座通常用铸铁或铸钢制成，铁芯用硅钢片叠成圆筒形，铁芯的内圆上有若干分布均匀的平行槽，槽内安装定子绕组。

定子绕组通常由涂有绝缘漆的铜线绕制而成，再将绕制好的铜线按一定的规律嵌入定子铁芯的小槽内，具体见图 10-5 局部放大部分。绕组嵌入小槽后，按一定的方法将槽内的绕组连接起来，使整个铁芯内的绕组构成 U、V、W 三相绕组，再将三相绕组的首、末端引出来，接到接线盒的 U1、U2、V1、V2、W1、W2 接线柱上。接线盒各接线柱与电动机内部绕组的连接关系如图 10-6 所示。

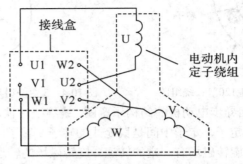

图 10-6　接线盒各接线端与内部绕组的连接关系

三相电动机的定子绕组由三相对称的绕组组成。各相绕组彼此独立，按互差 120° 电角度嵌放在定子中。根据要求可将三相定子绕组接成星形(Y 形)或三角形(△形)，具体接线方式见 10.4 节。

电动机如果接成星形，则电动机每相绕组承受电压是电源的相电压；如果接成三角形，则电动机每相绕组承受电压是电源的线电压。具体是星形连接还是三角形连接，应考虑电动机的额定电压值。例如：电动机额定电压是 220 V 时应采用星形连接，额定电压是 380 V 时应采用三角形连接。

2. 转子部分

转子部分由转子铁芯、转子绕组和转轴等部分组成。转子铁芯也由硅钢片叠成，并固定在转轴上。转子的外圆周上也有若干分布均匀的平行槽，用于安置转子绕组。

转子绕组根据其结构可分为鼠笼式和绕线式两种

1) 鼠笼式转子

鼠笼式转子是在转子铁芯的每一条槽内插入一根裸导条，在铁芯两端分别用两处短路环把导条连接成一个整体，形成一个自身闭合的短路绕组。如去掉铁芯，整个绕组就像一个鼠笼，所以称为鼠笼式电动机。中小型电动机的鼠笼式转子一般采用铸铝，大型电动机则采用铜导条，如图 10-7 所示。

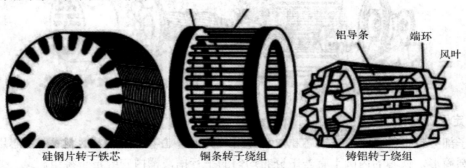

硅钢片转子铁芯　　　　　铜条转子绕组　　　　　铸铝转子绕组

图 10-7　鼠笼式转子示意图

2) 绕线式转子

绕线式转子外形如图 10-8 所示，其结构示意图如图 10-9 所示。绕线式转子绕组是在平行槽内嵌入对称的三相绕组，并把它接成星形，其末端接在一起，首端分别接在转轴上的三个彼此绝缘的滑环上，经电刷与变阻器连接，这样转子绕组产生的电流通过集电环、电刷、变阻器构成回路(如图 10-10 所示)。调节变阻器可以改变转子绕组回路的电阻，以此来改变绕组的电流，从而调节转子的转速。这种电动机称为绕线式电动机。

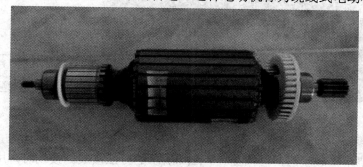

图 10-8　绕线式转子

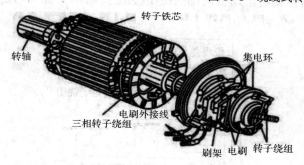

图 10-9　线绕式转子绕组

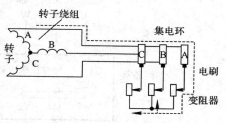

图 10-10　按星形连接的转子绕组

3. 三相异步电动机的其他附件

(1) 端盖：起支撑作用。

(2) 轴承：连接转动部分与不动部分。

(3) 轴承端盖：保护轴承。

(4) 风扇：冷却电动机。

10.4　三相异步电动机的接线

1. 接线盒

三相异步电动机的定子绕组由 U、V、W 三相绕组组成，这三相绕组有 6 个接线端，它们与接线盒的 6 个接线柱连接。三相绕组的 6 个接线柱排成上下两排，并规定上排三个接线柱自左至右排列的编号为 1(U1)、2(V1)、3(W1)，下排三个接线柱自左至右排列的编号为 6(W2)、4(U2)、5(V2)，凡制造和维修时均应按这个序号排列。接线盒如图 10-11 所示。在接线盒上，可以通过将不同的接线柱短接来将定子绕组接成星形或三角形。

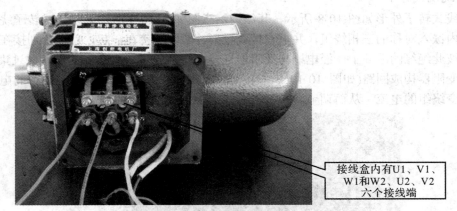

接线盒内有U1、V1、W1和W2、U2、V2六个接线端

图 10-11　电动机接线盒内有六个接线端

2. 星形接线

要将定子绕组接成星形，可按图 10-12(a)所示的方法接线。接线时，用短路线把接线盒中的 W2、U2、V2 接线柱短接起来，这样就将电动机内部的绕组接成了星形，如图 10-12(b)所示。

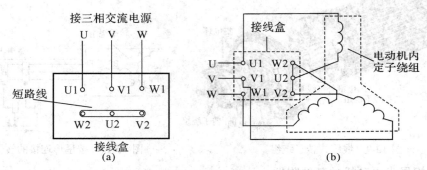

图 10-12　定子绕组按星形接法接线

3. 三角形接线

要将电动机内部的三相绕组接成三角形，可用短路线将接线盒中的 U1 和 W2、V1 和 U2、W1 和 V2 接线柱按图 10-13 所示连接起来，然后从 U1、V1、W1 接线柱分别引出导线，与三相交流电源的 3 根相线连接。

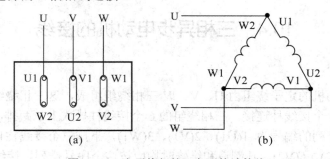

图 10-13　定子绕组按三角形接法接线

如果三相交流电源的相线之间的电压是 380 V，那么对于定子绕组按星形连接的电动机，其每相绕组承受的电压为 220 V；对于定子绕组按三角形连接的电动机，其每相绕组承受的电压为 380 V。所以三角形接法的电动机在工作时，其定子绕组将承受更高的电压。

10.5　三相异步电动机铭牌识读

三相异步电动机一般会在外壳上安装一个铭牌，铭牌就相当于简单的说明书，它标注了电动机的型号、主要技术参数等信息。电动机铭牌对交流调速系统的控制非常重要，尤其是电动机额定电压、额定频率。下面以图 10-14 所示的铭牌为例来说明铭牌上各项内容的含义。

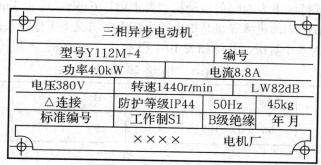

图 10-14　三相异步电动机的铭牌

(1) 型号(Y112M-4)。型号通常由字母和数字组成，其含义说明如图 10-15 所示。

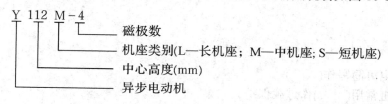

图 10-15　型号含义

(2) 额定功率(功率 4.0 kW)。额定功率是在额定状态工作时电动机所输出的机械功率。

(3) 额定电流(电流 8.8 A)。额定电流是在额定状态工作时流入电动机定子绕组的电流。

(4) 额定电压(电压 380 V)。额定电压是在额定状态工作时加到定子绕组的线电压。

(5) 额定转速(转速 1440 r/min)。额定转速是在额定工作状态时电动机转轴的转速。

(6) 噪声等级(LW82dB)。噪声等级通常用 LW 值表示，LW 值的单位是 dB (分贝)。LW 值越小，表示电动机运转时噪声越小。

(7) 连接方式(△连接)。连接方式是指在额定电压下定子绕组采用的连接方式，连接方式有三角形(△形)连接方式和星形(Y 形)连接方式两种。在电动机工作前，要在接线盒中将定子绕组接成铭牌要求的接法。如果接法错误，轻则电动机工作效率降低，重则损坏电动机。例如：若将要求按星形连接的绕组接成三角形，那么绕组承受的电压会很高，流过的电流会增大而易使绕组烧坏；若将要求按三角形连接的绕组接成星形，那么绕组上的电压会降低，流过绕组的电流减小而使电动机功率下降。一般功率小于或等于 3 kW 的电动机，其定子绕组应按星形连接；功率为 4 kW 及以上的电动机，定子绕组应采用三角形接法。

(8) 防护等级(IP44)。防护等级表示电动机外壳采用的防护方式。IP11 是开启式，IP22、IP33 是防护式，而 IP44 是封闭式。

(9) 工作频率(50 Hz)。工作频率表示电动机所接交流电源的频率。

(10) 工作制(S1)。工作制是指电动机的运行方式，一般有 3 种：S1(连续运行)、S2(短时运行)和 S3 (断续运行)。连续运行是指电动机在额定条件下(即铭牌要求的条件下)可长时间连续运行；短时运行是指在额定条件下只能在规定的短时间内运行，运行时间通常有 10 min、30 min、60 min 和 90 min；断续运行是指在额定条件下运行一段时间再停止一段时间，按一定的周期反复进行，一般一个周期为 10 min，负载持续率有 15%、25%、40% 和 60%，如对于负载持续率为 60% 的电动机，要求运行 6 min、停止 4 min。

(11) 绝缘等级(B 级)。绝缘等级是指电动机在正常情况下工作时，绕组绝缘允许的最高温度值，通常分为 7 个等级，具体如表 10-1 所示。

表 10-1　绝 缘 等 级 表

绝缘等级	Y	A	E	B	F	H	C
极限工作温度/℃	90	105	120	130	155	180	180 以上

第 10 章习题

一、填空题

1. 交流电可简写作(　　)。

2. 电动机常用(　　)作过载保护。

3. 我国电力电网的低压供电系统中，线电压为(　　)。

4. 把交流电变成直流电的过程叫(　　)。

二、概念题

1. 简述电动机铭牌中每项内容的含义。

型号 Y112M-4		
	8.8A	
380 V	1440 r/min	50 Hz
接法△		

2. 有一台四极三相异步电动机，电源电压的频率为 50 Hz，满载时电动机的转差率为 0.02，求电动机的同步转速、转子转速和转子电流频率。

3. 同步电动机的工作原理与异步电动机有何不同？

三、判断题

1. 在三相交流电路中，负载为三角形接法时，其相电压等于三相电源的线电压。( )
2. 在三相交流电路中，负载为星形接法时，其相电压等于三相电源的线电压。( )
3. 正弦交流电的周期与角频率互为倒数关系。   ( )

第 11 章　三相异步电动机控制线路相关低压元件

本节主要介绍了交流接触器、继电器、熔断器、开关等四个主要元件。

11.1　交流接触器

1. 简介

交流接触器的外形及图形符号如图 11-1 所示,它主要由电磁系统、触头系统、灭弧装置及辅助部件等组成。交流接触器可用于频繁接通和断开电路,实现远控功能,并具有低电压保护功能。其内部结构和工作原理如图 11-2 所示。

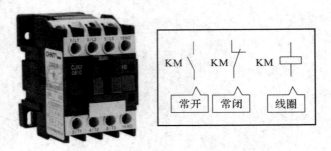

图 11-1　接触器的外形及图形符号

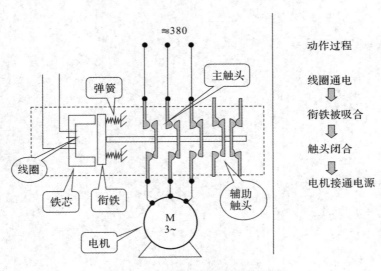

图 11-2　交流接触器的结构和原理

2. 参数

正确选择交流接触器就是要使所选用接触器的技术数据应能满足控制线路的要求。

1) 主触点额定电压

接触器的主触点额定电压应根据主触点所控制负载电路的额定电压来确定。例如，所控制的负载为 380 V 的三相鼠笼式异步电动机，应选用额定电压为 380 V 以上的交流接触器。

2) 主触点额定电流

一般情况下，接触器的主触点额定电流应大于等于负载或电动机的额定电流，即

$$I_N \geq \frac{P_N \times 10^3}{KU_N}$$

式中：I_N——接触器主触点额定电流；

　　　K——经验常数，一般取 1～1.4；

　　　P_N——被控电动机额定功率；

　　　U_N——被控电动机额定线电压。

如果接触器用于电动机的频繁启动、制动或正反转的场合，一般可将其额定电流降一个等级来选用。常用的额定电流等级为 5 A、10 A、20 A、40 A、60 A、100 A、150 A、250 A、400 A、600 A 等，具体电流等级随选用系列的不同而不同。

3) 电磁线圈的额定电压

接触器电磁线圈的额定电压应等于控制回路的电源电压。其电压等级为：交流线圈 36 V、110 V、127 V、220 V、380 V；直流线圈 24 V、48 V、110 V、220 V、440 V 等。

为了保证安全，一般接触器电磁线圈均选用较低的电压值，如 110 V、127 V，并由控制变压器供电。但如果控制电路比较简单，所用接触器的数量较少，那么为了省去变压器，可选用 380 V、220 V 电压。

4) 接触器的触点数目

接触器的触点数目根据控制线路的要求而定。交流接触器通常有 3 对常开主触点和 4～6 对辅助触点，直流接触器通常有 2 对常开主触点和 4 对辅助触点。

5) 接触器的额定操作频率

一般交流接触器的额定操作频率为 600 次/小时。

11.2　继 电 器

11.2.1　电磁式继电器

1. 电流继电器

根据负载所要求的保护作用，电流继电器分为过电流继电器和欠电流继电器两种类型。

如图 11-3 所示为某过流继电器的外形及图形符号。其内部结构主要由线圈、圆柱形静铁芯、衔铁、触头系统和反作用弹簧组成，用于频繁启动和重载启动的场合，作为电动机

和主电路的过载和短路保护。该继电器具有一对动断触头。

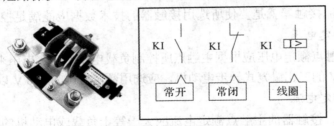

图 11-3　过流继电器的外形及图形符号

过电流继电器选择的主要参数是额定电流和动作电流，其额定电流应大于或等于被保护电动机的额定电流，动作电流应根据电动机工作情况按其启动电流的 1.1～1.3 倍整定。一般绕线型异步电动机的启动电流按 2.5 倍额定电流考虑，鼠笼式异步电动机的启动电流按 5～7 倍额定电流考虑。选择过电流继电器的动作电流时，应留有一定的调节余地。

欠电流继电器一般用于直流电动机及电磁吸盘的弱磁保护。其选择的主要参数是额定电流和释放电流，额定电流应大于或等于额定励磁电流，释放电流整定值应低于励磁电路正常工作范围内可能出现的最小励磁电流，可取最小励磁电流的 0.85 倍。选择欠电流继电器的释放电流时，应留有一定的调节余地。

2. 电压继电器

根据在控制电路中的作用，电压继电器分为过电压继电器和欠电压(零电压)继电器两种类型。

过电压继电器选择的主要参数是额定电压和动作电压，其动作电压可按系统额定电压的 1.1～1.5 倍整定。欠电压继电器常用电磁式继电器或小型接触器充任，其选用只要满足一般要求即可，对释放电压值无特殊要求。

11.2.2　热继电器

热继电器主要用于电动机的过载保护，通常选用时，按电动机型式、工作环境、启动情况及负载性质等几方面加以综合考虑。

1. 热继电器简介

热继电器的外形及图形符号如图 11-4 所示，主要由热元件、动作机构、触头系统、电流整定装置、复位机构和温度补偿元件等部分组成。热继电器主要用于电动机的过载保护、断相和电流不平衡运行的保护以及其他电气设备发热状态的控制。

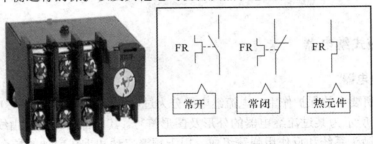

图 11-4　热继电器的外形及图形符号

2. 热继电器额定电流

对于长期正常运行的电动机,热继电器额定电流取为电动机额定电流的 0.95～1.05 倍;对于过载能力较差的电动机,热继电器额定电流取为电动机额定电流的 0.6～0.8 倍。

对于不频繁启动的电动机,要保证热继电器在电动机启动过程中不产生误动作,若电动机启动电流为其额定电流的 6 倍,并且启动时间不超过 6 s,则可按电动机的额定电流来选择热继电器。

11.2.3 时间继电器

JS20 系列晶体管时间继电器的外形及图形符号如图 11-5 所示,主要用于需按时间顺序进行控制的电气控制电路中。这种继电器型号后面有 D 标志的为断电延时型,没有 D 标志的为通电延时型。

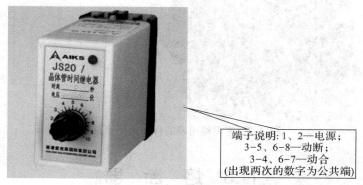

端子说明: 1、2—电源;
3-5、6-8—动断;
3-4、6-7—动合
(出现两次的数字为公共端)

图 11-5 时间继电器的外形及图形符号

电磁阻尼式时间继电器适用于精度要求不高的场合,电动机式或电子式时间继电器适用于延时精度要求高的场合。时间继电器操作频率不宜过高,否则会影响电气寿命,甚至会导致延时动作失调。

11.2.4 中间继电器

中间继电器的外形及图形符号如图 11-6 所示。它实质上是一种接触器,但触头对数多,没有主辅之分。中间继电器主要用来扩展其他继电器的对数,起到信号中继的作用。

端子说明: 2-10—电源;
1-4、6-5、8-11—动断;
1-3、6-7、9-11—动合
(出现两次的数字为公共端)

图 11-6 中间继电器的外形及图形符号

选用中间继电器时，注意线圈的电流种类和电压等级应与控制电路一致，同时，触点的数量、种类及容量也要根据控制电路的需要来选定。如果一个中间继电器的触点数量不够用，则可以将两个中间继电器并联使用，以增加触点的数量。

11.2.5　速度继电器

速度继电器也称反接制动继电器，其外形及图形符号如图11-7所示，主要由定子、转子、可动支架、触头系统及端盖组成。速度继电器的主要作用是以旋转速度的快慢为指令信号，与接触器配合实现电动机的反接制动。触头系统由两组转换触头组成，一组在转子正转时动作，另一组在转子反转时动作。

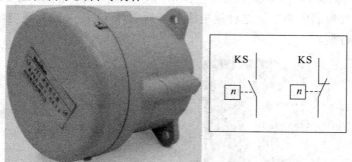

图 11-7　速度继电器的外形及图形符号

11.3　熔　断　器

熔断器的外形及图形符号如图11-8所示，主要由熔体、安装熔体的熔管(或盖、座)、触头和绝缘底板等组成。熔断器可作为短路保护元件，也可作为单台电气设备的过载保护元件。

图 11-8　熔断器的外形及图形符号

对于容量较小的照明及电动机，一般是考虑它们的过载保护，可选用熔体熔化系数小一些的熔断器，如熔体为铅锡合金的 RC1A 系列熔断器；对于容量较大的照明及电动机，除过载保护外，还应考虑短路时的分断短路电流能力，当短路电流较小时，可选用低分断能力的熔断器，如熔体为锌质的 RM10 系列熔断器；当短路电流较大时，可选用高分断能力的 RL1 系列熔断器；当短路电流相当大时，可选用有限流作用的 RT0 及 RT12 系列熔断器。

熔断器的额定电压应大于或等于线路的工作电压，额定电流应大于或等于所装熔体电路的额定电流。

11.4　开　关　元　件

11.4.1　按钮

按钮又称按钮开关或控制按钮，两种按钮的外形及图形符号如图 11-9 所示，主要由按钮帽、复位弹簧、桥式动触头、静触头、支柱连杆等部分组成。按钮是一种短时间接通或断开小电流电路的手动控制器，一般用于电路中发出启动或停止指令，以控制电磁启动器、接触器、继电器等电器线圈电流的接通或断开，再由它们去控制主电路。按钮也可以用于信号装置的控制。

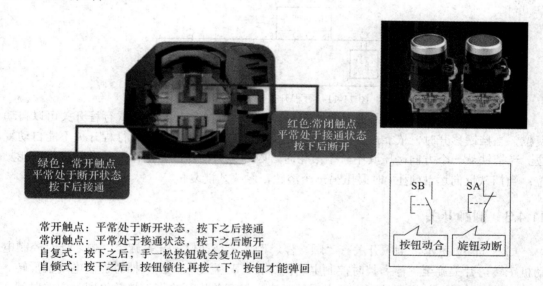

常开触点：平常处于断开状态，按下之后接通
常闭触点：平常处于接通状态，按下之后断开
自复式：按下之后，手一松按钮就会复位弹回
自锁式：按下之后，按钮锁住，再按一下，按钮才能弹回

图 11-9　按钮的外形及图形符号

11.4.2　行程开关

行程开关又叫限位开关，主要由触头系统、操作机构、外壳组成，是实现行程控制的小电流(5 A 以下)主令电器，其作用与控制按钮相同，只是其触头的动作不是靠手按动，而是利用机械运动部件的碰撞使触头动作，即将机械信号转换为电信号，通过控制其他电器来控制运动部件的行程大小、运动方向或进行限位保护。

行程并关的外形和图形符号如图 11-10 所示，它可分为按钮式、单轮旋转式、双轮旋转式等。行程开关内部一般有一个常闭触头和一个常开触头。

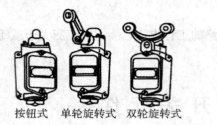 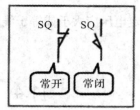

按钮式　单轮旋转式　双轮旋转式

图 11-10　行程开关的外形及图形符号

在使用时，行程开关通常安装在运动部件需停止的位置，如图 11-11 所示。当运动部件行进到行程开关处时，挡铁会碰压行程开关，行程开关内的常闭触头断开、常开触头闭合。由于行程开关的两个触头接在控制线路，它控制电动机停转，运动部件也就停止。如果需要运动部件反向运动，可操作控制线路中的反转按钮，当运动部件反向运动到另一个行程开关处时，会碰压该处的行程开关，行程开关通过控制线路让电动机停转，运动部件也就停止。

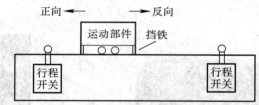

图 11-11　行程开关安装位置示意图

行程开关可分为自动复位和非自动复位两种。按钮式和单轮旋转式行程开关可以自动复位，当挡铁移开时，依靠内部的弹簧使触头自动复位。双轮旋转式行程开关不能自动复位。当挡铁从一个方向碰压其中一个滚轮时，内部触头动作，挡铁移开后内部触头不能复位；当挡铁反向运动(返回)时碰压另一个滚轮，触头才能复位。

11.4.3　倒顺开关

如图 11-12 所示，倒顺开关有"顺、停、倒"三个挡位，开关旋至"顺"挡时控制电动机正转，开关旋至"停"挡时控制电动机停转，开关旋至"倒"挡时控制电动机反转。当电动机正转时，如果要控制电动机反转，应先将开关旋至"停"挡并停留一定的时间，让电动机停转，再将开关旋至"倒"挡，让电动机反转；如果旋至"停"挡不停留，直接旋至"倒"挡，未停转的电动机会因突发反向电流而容易损坏。

图 11-12　倒顺开关

11.5　电动机降压启动相关元件

11.5.1　自耦变压器

自耦变压器的外形及图形符号如图 11-13 所示，主要由铁芯和绕组两部分组成。自耦变压器主要用于鼠笼式异步电动机的降压启动。

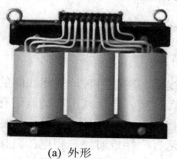
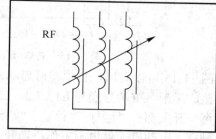

(a) 外形　　　　　　　　　　　　　　(b) 图形符号

图 11-13　自耦变压器的外形及图形符号

1. 单相自耦变压器

图 11-14 为单相自耦变压器的结构及符号，该自耦变压器只有一个绕组(匝数为 N_1)，在绕组的中间部分(图中为 A 点)引出一个接线端，这样就将绕组的一部分当作二次绕组(匝数为 N_2)。自耦变压器工作原理与普通的变压器相同，也可以改变电压的大小，其规律同样可以用下式表示：

$$\frac{U_1}{U_2} = \frac{N_1}{N_2} = K$$

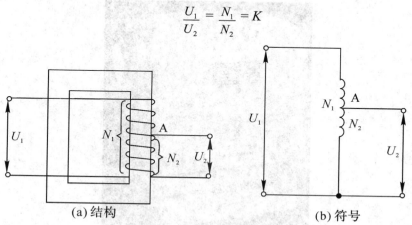

(a)结构　　　　　　　　　　　　　(b) 符号

图 11-14　单相自耦变压器

从上式可以看出，改变匝数 N_2 就可以调节输出电压 U_2 的大小，匝数 N_2 越少，电压 U_2 越低。

2. 三相自耦变压器

电动机降压启动时常采用三相自耦变压器。用作电动机启动的三相自耦变压器又称自耦减压启动器或补偿器，其结构原理如图 11-15 所示。

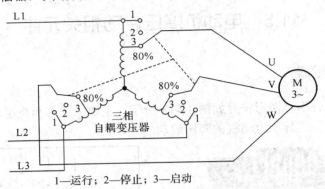

1—运行；2—停止；3—启动

图 11-15　自耦减压启动器或补偿器结构原理

　　从图 11-15 可以看出，自耦减压启动器有三相线圈，在使用时，三相线圈的末端连接在一起接成星形，首端分别与 L1、L2、L3 三相电源连接。自耦减压启动器还有三个联动开关，每个开关都有"运行""停止""启动"三个挡位。当开关处于"停止"挡位时，开关触头悬空，电动机无供电不工作；当开关处于"运行"挡位时，三相电源直接供给电动机，电动机全压运行；当开关处于"启动"挡位时，三相电源经变压器降压至 80% 供给电动机，电动机降压启动。

11.5.2　油浸式启动器

　　手动控制启动器降压线路常用到油浸式启动器，其外形如图 11-16 所示。这种启动器内部除了有三相自耦变压器结构外，还包括一些保护装置。

图 11-16　油浸式启动器外形

11.5.3　手动 Y-△ 启动器

　　在手动控制 Y-△ 降压启动控制线路中，需要用到手动 Y-△ 启动器。QX1 型手动 Y-△

启动器是一种应用很广的启动器，其外形如图 11-17 所示。手动控制启动器手柄有"启动""停止"和"运行" 3 个位置，内部有 8 个触头，手柄处于不同位置时各触头的状态不同。

图 11-17　QX1 手型动 Y-△启动器外形

当手柄处于"启动"位置时，电动机绕组通过启动器的触点接成星形降压启动；当手柄处于"运行"位置时，电动机绕组通过启动器的触点接成三角形，电动机全压运行；当手柄处于"停止"位置时，电动机绕组的 6 个接线端悬空，电动机停止运行。

11.6　电磁制动器

电磁制动器主要分电磁抱闸制动器和电磁离合制动器。

1. 电磁抱闸制动器

电磁抱闸制动器主要由制动电磁铁和闸瓦制动器两部分组成，如图 11-18 所示。制动电磁铁外形如图 11-19 所示。

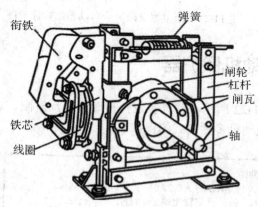

图 11-18　电磁抱闸制动器

图 11-19　制动电磁铁

制动电磁铁由铁芯、衔铁和线圈三部分组成。当给线圈通电时，线圈产生磁场通过铁芯吸引衔铁，使衔铁产生动作。如果衔铁与有关设备连接，就可以使该设备也产生动作。

闸瓦制动器由闸轮、闸瓦、杠杆、弹簧等组成，闸轮的轴与电动机转轴联动。电磁抱闸制动器分为断电制动型和通电制动型。断电制动型的特点是当线圈得电时，闸瓦与闸轮分开，无制动作用；当线圈失电后，闸瓦紧紧抱住闸轮制动。通电制动型的特点是当线圈得电时，闸瓦紧紧抱住闸轮制动；当线圈失电时，闸瓦与闸轮分开，无制动作用。

电磁抱闸制动器的制动力强，安全可靠，不会因突然断电而发生事故，广泛应用在起重设备上；但电磁抱闸制动器的体积较大，制动器磨损严重，快速制动时会产生震动。

2. 电磁离合制动器

电磁离合制动器的外形如图 11-20 所示，图 11-21 为断电型电磁离合制动器结构示意图。

断电型电磁离合制动器的工作原理：在电动机正常工作时，制动器线圈通电产生磁场，静铁芯吸引动铁芯，动铁芯克服制动弹簧的弹力并带动静摩擦片往静铁芯靠近，动摩擦片与静摩擦片脱离，动摩擦片通过固定键和电动机的轴一起运转。在电动机切断电源时，制动器线圈同时失电，在制动弹簧的弹力作用下，动铁芯带动静摩擦片向动摩擦片靠近，静摩擦片与动摩擦片接触后，依靠两摩擦片的摩擦力并通过固定键和电动机的轴对电动机进行制动。

图 11-20 电磁离合制动器

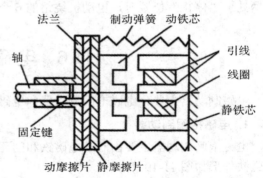

图 11-21 断电型电磁离合自动器结构原理图

11.7 电动机保护器

电动机保护器的外形及端子说明如图 11-22 所示，它具有过热反时限、反时限、定时限多种保护方式。电动机保护器主要用于电动机多种模式的保护。

端子说明：
(A1+、A2-：AC220V工作电源输入；
97、98：报警输出端子(动合)；
07、08：短路保护端子(动合)；
Z1、Z2：零序电流互感器输入端子；
TRX(+)、TRX(-)：RS485或4mA~20mA端子

图 11-22 电动机保护器外形及端子说明

第 11 章习题

1. 请列举出你所知道的五种继电器。
2. 简述交流接触器的工作原理。
3. 交流接触器主要由哪三部分构成？
4. 如何使用万用表来判断交流接触器是否开闭正常？
5. 电流继电器对负载有保护作用，可以分为哪两种类型？
6. 过压继电器的动作电压是额定电压的多少倍？
7. 简述热继电器的工作原理。
8. 热继电器主要由哪些功能部件组成？
9. 热继电器在电气回路中的主要作用是什么？
10. 什么是熔断器？

第12章　三相异步电动机常用控制线路

12.1　正转控制线路

12.1.1　简单的正转控制线路

正转控制线路是电动机最基本的控制电路,控制线路除了要为电动机提供电源外,还要对电动机进行启动/停止控制,另外在电动机过载时还能进行保护。对于一些要求不高的小容量电动机,可采用图 12-1 所示简单的电动机正转控制线路。

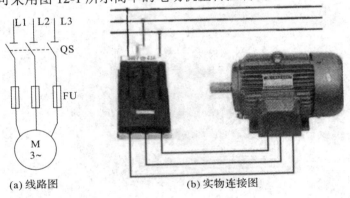

　　　　(a) 线路图　　　　　　　　　　(b) 实物连接图

图 12-1　简单正转控制线路

电动机的三根相线通过闸刀开关内部的熔断器 FU 和触头连接到三相交流电,当合上闸刀开关 QS 时,三相交流电通过触头、熔断器送给三相电动机,电动机运转;当断开 QS 时,切断电动机供电,电动机停转。如果流过电动机的电流过大,则熔断器 FU 因大电流流过而熔断,切断电动机供电,电动机得到了保护。为了安全起见,图中的闸刀开关可安装在配电箱内或绝缘板上。

这种控制电路简单、元件少,适合容量小且启动不频繁的电动机正转控制,图中的闸刀开关还可以用铁壳开关(封闭式负荷开关)、组合开关或低压断路器来代替。

12.1.2　自锁正转控制线路

点动正转控制线路适用于电动机短时间运行控制,如果用作长时间运行控制则极为不便(需一直按住按钮不放)。电动机长时间连续运行常采用图 12-2 所示的自锁正转控制线路,从图中可以看出,该电路是在点动正转电路的控制电路中多串接一个常闭停止按钮 SB2,

并在启动按钮 SB1 两端并联一个常开辅助触头 KM(又称自锁触头)。

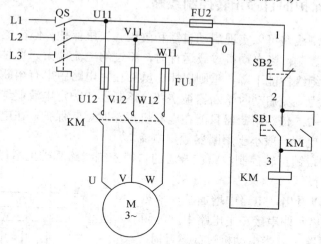

图 12-2　自锁正转控制线路

自锁正转控制电路除了有长时间运行锁定功能外,还能实现欠压和失压保护功能。

1. 电路工作原理

(1) 合上电源开关 QS。

(2) 启动电机。其过程如下:按下常开启动按钮 SB1→L1、L2 两相电压通过 QS、FU2、SB2、SB1 加到接触器线圈 KM 两端→线圈 KM 得电吸合主触头 KM 和常开辅助触头 KM→L1、L2、L3 三相电压通过 QS、FU1 和闭合的主触头 KM 提供给电动机→电动机 M 得电运转。

(3) 运行自锁。其过程如下:松开启动按钮 SB1→线圈 KM 依靠启动时已闭合的常开辅助触头 KM 供电→主触头 KM 仍保持闭合→电动机 M 继续运转。

(4) 停转控制。其过程如下:按下常闭停止按钮 SB2→线圈 KM 失电→主触头 KM 和常开辅助触头均断开→电动机 M 失电停转。

(5) 断开电源开关 QS。

2. 欠压保护

欠压保护是指当电源电压偏低(一般低于 85%)时切断电动机的供电,让电动机停止运转。欠压保护过程分析如下:

电源电压偏低→L1、L2 两相间的电压偏低→接触器线圈 KM 两端电压偏低,产生的吸合力小,不足以继续吸合主触头 KM 和辅助触头 KM→主、辅触头断开→电动机供电被切断而停转。

3. 失压保护

失压保护是指当电源电压消失时切断电动机的供电途径,并保证在重新供电时无法自行启动。失压保护过程分析如下:

电源电压消失→L1、L2 两相间的电压消失→线圈 KM 失电→主、辅触头断开→电动机供电被切断。在重新供电后,由于主、辅触头已断开,并且常开启动按钮 SB1 也处于断开状态,故线路不会自动为电动机供电。

12.1.3 带过载保护的自锁正转控制线路

普通的自锁控制线路可以实现启动自锁和欠压、失压保护，但在电动机长时间过载运行时无法执行保护控制。当电动机过载运行时，流过的电流偏大，长时间运行会使绕组温度升高，轻则绕组绝缘性能下降，重则烧坏。虽然在主电路中串有熔断器，但由于电动机启动时电流很大，为避免启动时熔断器被烧坏，熔断器的额定电流值选择较大，约为电动机额定电流的 1.5～2.5 倍。熔断器只能在电动机短路时熔断保护，在电动机过载时无法熔断保护，因为过载电流一般小于熔断器额定电流。

带过载保护的自锁正转控制线路在普通的自锁控制线路基础上增加了过载保护元件，其电路如图 12-3 所示。

从图 12-3 可以看出，电路中增加了一个热继电器 FR，其发热元件串接在主电路中，常闭触头串接在控制电路中。当电动机过载运行时，流过热继电器的发热元件的电流偏大，发热元件(通常为双金属片)因发热而弯曲，通过传动机构将常闭触头断开，控制电路被切断，接触器线圈KM 失电，主电路中的接触器主触头 KM 断开，电动机供电被切断而停转。

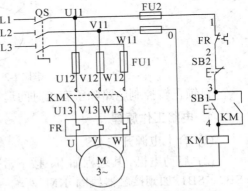

图 12-3　带过载保护的自锁正转控制线路

热继电器只能执行过载保护，不能执行短路保护。这是因为短路时电流虽然很大，但热继电器发热元件弯曲需要一定的时间，等到它动作时，电动机和供电线路可能已被过大的短路电流烧坏。另外，当电路过载保护后，如果排除了过载因素，则需要等待一定的时间让发热元件冷却复位，才能再重新启动电动机工作。

12.1.4 连续与点动混合控制线路

连续与点动混合控制线路是一种既能进行点动控制，又可以实现连续运行控制的电动机控制线路。实现连续与点动混合控制的方式很多，这里介绍两种常用的连续与点动混合控制线路。

1. 连续与点动混合控制线路一

图 12-4 是一种连续与点动混合控制线路。

从图 12-4 可以看出，该电路是在带过载保护的自锁正转控制电路的自锁电路中串接一个手动开关 SA。电路工作在点动方式还是连续方式，由手动开关 SA 来决定。

当手动开关 SA 断开时，电路工作在点动控制方式。工作过程分析如下：

按下启动按钮 SB1→接触器线圈 KM 得电→

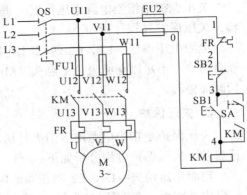

图 12-4　连续与点动混合控制线路一

主触头 KM 闭合→电动机得电运转；松开按钮 SB1→线圈 KM 失电→主触头 KM 断开→电动机失电停止运转。

当手动开关 SA 闭合时，电路工作在连续控制方式。工作过程分析如下：

按下启动按钮 SB1→接触器线圈 KM 得电→主触头、常开辅助触头 KM 均闭合→电动机得电运转；松开按钮 SB1→线圈 KM 依靠已闭合的 SA 和常开辅助触头 KM 供电→主触头 KM 仍保持闭合→电动机继续运转；按下常闭停止按钮 SB2→线圈 KM 失电→主触头、常开辅助触头 KM 均断开→电动机失电停止运转。

2. 连续与点动混合控制线路二

图 12-5 是另一种形式的连续与点动混合控制线路。

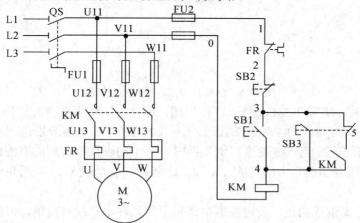

图 12-5　连续与点动混合控制线路二

从图 12-5 可以看出，该电路是在带过载保护的自锁正转控制电路的中增加了一个复合按钮开关 SB3。电路工作在点动方式还是连续方式，由复合按钮 SB3 来决定。

(1) 未操作 SB3 时，电路工作在连续控制方式。工作过程分析如下：

按下启动按钮 SB1→接触器线圈 KM 得电→主触头、常开辅助触头 KM 均闭合→电动机得电运转；松开按钮 SB1→线圈 KM 依靠 SB3 常闭触头和已闭合的常开辅助触头 KM 供电→主触头 KM 仍保持闭合→电动机继续运转。

(2) 操作 SB3 时，电路工作在点动控制方式。工作过程分析如下：

按下按钮 SB3→SB3 的常开触头闭合、常闭触头断开→接触器线圈 KM 得电→主触头、常开辅助触头 KM 均闭合→电动机得电运转；松开按钮 SB3→SB3 的常开触头断开、常闭触头闭合→接触器线圈 KM 因 SB3 的常开触头断开而失电→主触头、常开辅助触头 KM 均断电→电动机停止运转。

12.2　正、反转控制线路

正转控制线路只能控制电动机单方向运转，而正、反转控制电路可以实现电动机正、反向运转控制。实现正、反转控制的方式很多，这里介绍四种常见的控制线路。

12.2.1　倒顺开关正、反转控制线路

倒顺开关正、反转控制线路采用倒顺开关对电动机进行正、反转控制。倒顺开关正、反转控制线路如图 12-6 所示。

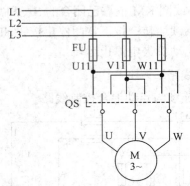

图 12-6　倒顺开关正、反转控制线路

在图 12-6 中，倒顺开关 QS 处于"停"挡，电动机无供电而停转。当 QS 旋至"顺"挡时，三个动触头与对应的左静触头接触，L1、L2、L3 三相电压分别送到电动机的 U、V、W 相线，电动机正转。当 QS 旋至"倒"挡时，三个动触头与对应的右静触头接触，L1、L2、L3 三相电压分别送到电动机的 W、V、U 相线，电动机 U、W 两相电压切换，电动机反转。

利用倒顺开关组成的正、反向控制电路采用的元件少、线路简单，但由于倒顺开关直接接在主电路中，操作不安全，也不适合用作大容量的电动机控制，因而一般用在额定电流为 10 A、功率在 3 kW 以下的小容量电动机控制线路中。

12.2.2　接触器联锁正、反转控制线路

接触器联锁正、反转控制线路的主电路中连接了两个接触器，正、反转操作元件放置在控制电路中，故工作安全可靠。接触器联锁正、反转控制线路如图 12-7 所示。

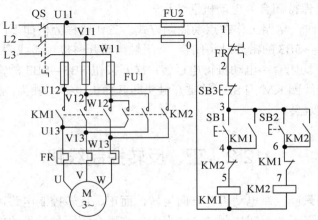

图 12-7　接触器联锁正、反转控制线路

在图 12-7 中，主电路中连接了接触器 KM1 和接触器 KM2，两个接触器主触头连接方式不同，KM1 按 L1-U、L2-V、L3-W 方式连接，KM2 按 L1-W、L2-V、L3-U 方式连接。

在工作时，接触器 KM1、KM2 的主触头严禁同时闭合，否则会造成 L1、L3 两相电源直接短路。为了避免 KM1、KM2 主触头同时得电闭合，分别给各自的线圈串接了对方的常闭辅助触头，给 KM1 线圈串接了 KM2 常闭辅助触头，给 KM2 线圈串接了 KM1 常闭辅助触头。当一个接触器的线圈得电时会使自己的主触头闭合，还会使自己的常闭触头断开，这样另一个接触器线圈就无法得电。接触器的这种相互制约方式称为接触器的联锁(也称互锁)，实现联锁的常闭辅助触头称为联锁触头。

电路工作原理分析如下：

(1) 闭合电源开关 QS。

(2) 正转控制过程。

① 正转联锁控制。按下正转按钮 SB1→KM1 线圈得电→KM1 主触头闭合、KM1 常开辅助触头闭合、KM1 常闭辅助触头断开→KM1 主触头闭合，将 L1、L2、L3 三相电源分别供给电动机 U、V、W 端，电动机正转；KM1 常开辅助触头闭合，使得 SB1 松开后 KM1 线圈继续得电(接触器自锁)；KM1 常闭辅助触头断开，切断 KM2 线圈的供电，使 KM2 主触头无法闭合，实现 KM1、KM2 之间的联锁。

② 停止控制过程。按下停转按钮 SB3→KM1 线圈失电→KM1 主触头断开、KM1 常开辅助触头断开、KM1 常闭辅助触头闭合→KM1 主触头断开使电动机失电而停转。

(3) 反转控制过程。

① 反转联锁控制。按下反转按钮 SB2→KM2 线圈得电→KM2 主触头闭合、KM2 常开辅助触头闭合、KM2 常闭辅助触头断开→KM2 主触头闭合将 L1、L2、L3 三相电源分别供给电动机 W、V、U 端，电动机反转；KM2 常开辅助触头闭合，使得 SB2 松开后 KM2 线圈继续得电；KM2 常闭辅助触头断开，切断 KM1 线圈的供电，使 KM1 主触头无法闭合，实现 KM1、KM2 之间的联锁。

② 停止控制。按下停转按钮 SB3→KM2 线圈失电→KM2 主触头断开、KM2 常开辅助触头断开、KM2 常闭辅助触头闭合→KM2 主触头断开，使电动机失电而停转。

(4) 断开电源开关 QS。

对于接触器联锁正、反转控制线路，若将电动机由正转变为反转，则需要先按下停止按钮让电动机停转，让接触器各触头复位，再按反转按钮让电动机反转。如果在正转时不按停止按钮，而直接按反转按钮，则由于联锁的原因，反转接触器线圈无法得电而使控制无效。

12.2.3　按钮联锁正、反转控制线路

接触器联锁正、反转控制线路在控制电动机由正转转为反转时，需要先按停止按钮，再按反转按钮，这样操作较为不便，采用按钮联锁正、反转控制线路则可避免这种不便。按钮联锁正、反转控制线路如图 12-8 所示。

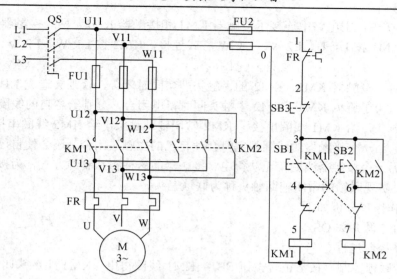

图 12-8　按钮联锁正、反转控制线路

从图 12-8 可以看出，电路采用两个复合按钮 SB1 和 SB2，其中复合按钮 SB1 代替接触器联锁正、反转控制线路中的正转按钮和反转接触器的常闭辅助触头，另一个复合按钮 SB2 代替反转按钮和正转接触器的常闭辅助触头。

电路工作原理分析如下：

(1) 闭合电源开关 QS。

(2) 正转控制。按下正转复合按钮 SB1→SB1 常开触头闭合、常闭触头断开→SB1 常开触头闭合，使接触器线圈 KM1 得电，KM1 主触头和常开辅助触头均闭合，KM1 主触头闭合，使电动机正转，KM1 常开辅助触头闭合，使 KM1 接触器自锁；而 SB1 常闭触头断开，使接触器 KM2 线圈无法得电，从而保证 KM1、KM2 两接触器主触头不会同时闭合。

松开 SB1 后，SB1 常开触头断开、常闭触头闭合，依靠 KM1 常开辅助触头的自锁，让 KM1 线圈维持得电，KM1 主触头仍处于闭合，电动机维持正转。

(3) 反转控制。在电动机处于正转时按下反转复合按钮 SB2→SB2 常开触头闭合、常闭触头断开→SB2 常闭触头断开，使接触器 KM1 线圈失电，KM1 主触头和常开辅助触头均断开，电动机失电；SB2 常开触头闭合，使接触器 KM2 线圈得电，KM2 主触头和常开辅助触头均闭合，KM2 主触头闭合，使电动机反转，KM2 常开辅助触头闭合，实现自锁(在松开 SB2 后让 KM2 线圈能继续得电)。

松开 SB2 后，SB2 常开触头断开、常闭触头闭合，依靠 KM2 常开辅助触头的自锁，让 KM2 线圈维持得电，KM2 主触头仍处于闭合，电动机维持正转。

(4) 停转控制。按下停转按钮 SB3→控制电路供电被切断→KM1、KM2 线圈均失电→KM1、KM2 主触头均断开→电动机停转。

(5) 断开电源开关 QS。

由于按钮联锁正、反转控制线路在正转转为反转时无需进行停止控制，故具有操作方便的优点，但这种电路容易因复合按钮故障而造成两相电源短路。

复合按钮结构如图 12-9 所示。在按下复合按钮时，正常应是常开触头先断开，然后才是常开触头闭合；在松开复合按钮时，正常应是常开触头先断开，然后才是常闭触头闭合。

如果复合按钮出现问题，则按下按钮时常闭触头未能及时断开(如常闭触头与动触头产生粘连)，而常开触头又闭合，这样两个触头都处于接通状态，导致两个接触器的线圈都会得电，如图 12-8 中的反转按钮 SB2 出现故障。

在电动机正转时按下 SB2，SB2 常闭触头未能及时断开，而常开触头已闭合，这样线圈 KM1、KM2 都会得电，KM1、KM2 的主触头均闭合，就会导致两相电源直接短路。

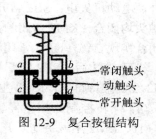

图 12-9　复合按钮结构

12.2.4　按钮、接触器双重联锁正、反转控制线路

按钮、接触器双重联锁正、反转控制线路可以有效解决按钮联锁正、反转控制线路容易出现两相电源短路的缺点。按钮、接触器双重联锁正、反转控制线路如图 12-10 所示。

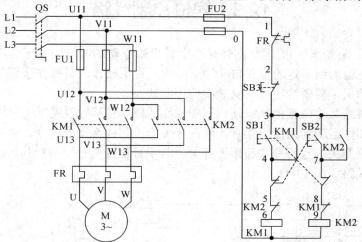

图 12-10　按钮、接触器双重联锁正、反转控制线路

从图 12-10 可以看出，按钮、接触器双重联锁正、反转控制线路是在按钮联锁正、反转控制线路的基础上，将两个接触器各自的常闭辅助触头与对方的线圈串接在一起，这样就实现了按钮联锁和接触器联锁双重保护。

电路工作原理分析如下：

(1) 闭合电源开关 QS。

(2) 正转控制。按下正转复合按钮 SB1→SB1 常开触头闭合、常闭触头断开→SB1 常开触头闭合，使接触器线圈 KM1 得电→KM1 主触头、常开辅助触头闭合，KM1 常闭辅助触头断开→KM1 主触头闭合，使电动机正转，KM1 常开辅助触头闭合，使 KM1 接触器自锁，KM1 常闭辅助触头断开，与断开的 SB1 常闭触头双重切断 KM2 线圈供电，使 KM2 线圈无法得电。

松开 SB1 后，SB1 常开触头断开、常闭触头闭合，依靠 KM1 常开辅助触头的自锁让 KM1 线圈维持得电，KM1 主触头仍处于闭合，电动机维持正转。

(3) 反转控制。在电动机处于正转时，按下反转按钮 SB2→SB2 常开触头闭合、常闭触头断开→SB2 常闭触头断开，使接触器 KM1 线圈失电，KM1 主触头、常开辅助触头均断开，电动机失电；SB2 常开触头闭合，使接触器 KM2 线圈得电，KM2 主触头、常开辅助触头均闭合，KM2 常闭触头断开，KM2 主触头闭合，使电动机反转，KM2 常开辅助触头闭合实现自锁，KM2 常闭触头断开，与断开的 SB2 常闭触头双重切断 KM1 线圈供电。

松开 SB2 后，SB2 常开触头断开、常闭触头闭合，依靠 KM2 常开辅助触头的自锁让 KM2 线圈维持得电，KM2 主触头仍处于闭合，电动机维持正转。

(4) 停转控制。按下停转按钮 SB3→控制电路供电切断→KM1、KM2 线圈均失电→KM1、KM2 主触头均断开→电动机停转。

(5) 断开电源开关 QS。

按钮、接触器双重联锁正、反转控制线路具有与按钮联锁正、反转控制线路一样的操作方便性，又因为采用了按钮和接触器双重联锁，所以工作安全可靠。

12.3　限位控制线路

一些机械设备(如车床)的运动部件是由电动机来驱动的，它们在工作时并不都是一直往前运动，而是运动到一定的位置自动停止，然后再由操作人员操作按钮使之返回。为了实现这种控制效果，需要给电动机安装限位控制线路。

限位控制线路又称位置控制线路或行程控制线路，它利用位置开关来检测运动部件的位置。当运动部件运动到指定位置时，位置开关给控制线路发出指令，让电动机停转或反转。常见的位置开关有行程开关和接近开关，其中行程开关使用得更为广泛。

限位控制线路如图 12-11 所示。

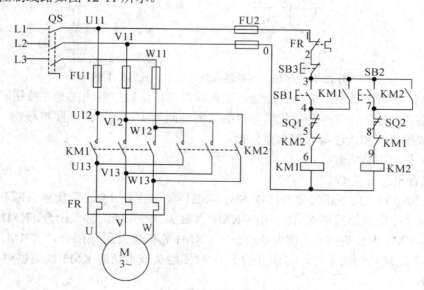

图 12-11　限位控制线路

从图 12-11 可以看出，限位控制线路是在接触器联锁正、反转控制线路的控制电路中串接两个行程开关 SQ1、SQ2 构成的。

电路工作原理分析如下：

(1) 闭合电源开关 QS。

(2) 正转控制过程。

① 正转控制。按下正转按钮 SB1→KM1 线圈得电→KM1 主触头闭合、KM1 常开辅助触头闭合、KM1 常闭辅助触头断开→KM1 主触头闭合，电动机得电正转，驱动运动部件正向运动；KM1 常开辅助触头闭合，让 KM1 线圈在 SB1 断开时能继续得电(自锁)；KM1 常闭辅助触头断开，使 KM2 线圈无法得电，实现 KM1、KM2 之间的联锁。

② 正向限位控制。当电动机正转驱动运动部件运动到行程开关 SQ1 处→SQ1 常闭触头断开(常开触点未用)→KM1 线圈失电→KM1 主触头断开、KM1 常开辅助触头断开、KM1 常闭辅助触头闭合→KM1 主触头断开，使电动机失电而停转→运动部件停止正向运动。

(3) 反转控制过程。

① 反转控制。按下反转按钮 SB2→KM2 线圈得电→KM2 主触头闭合、KM2 常开辅助触头闭合、KM2 常闭辅助触头断开→KM2 主触头闭合，电动机得电反转，驱动运动部件反向运动；KM2 常开辅助触头闭合，锁定 KM2 线圈得电；KM2 常闭辅助触头断开，使 KM1 线圈无法得电，实现 KM1、KM2 之间的联锁。

② 反向限位控制。当电动机反转时，驱动运动部件运动到行程开关 SQ2 处→SQ2 常闭触头断开→KM2 线圈失电→KM2 主触头断开、KM2 常开辅助触头断开、KM2 常闭辅助触头闭合→KM2 主触头断开，使电动机失电而停转→运动部件停止正向运动。

(4) 断开电源开关 QS。

12.4 自动往返控制线路

有些机械设备在加工零件时，要求在一定的范围内能自动往返运动，即当运动部件运行到一定位置时，不用人工操作按钮就能自动返回。如果采用限位控制线路来控制则会很麻烦，对于这种情况，可给电动机安装自动往返控制线路。

自动往返控制线路如图 12-12 所示。

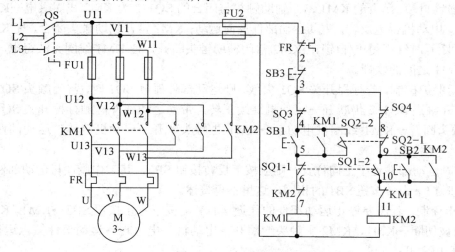

图 12-12 自动往返控制线路

　　自动往返控制线路采用了 SQ1～SQ4 四个行程开关，四个行程开关的安装位置如图 12-13 所示。SQ2、SQ1 分别用来控制电动机正、反转。当运动部件运行到 SQ2 处时，电动机由反转变为正转；运行到 SQ1 处时，则由正转变为反转。SQ3、SQ4 用作终端保护，它们只用到了常闭触头，当 SQ1、SQ2 失效时它们可以让电动机停转进行保护，防止运动部件行程超出范围而发生安全事故。

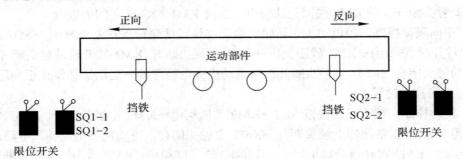

图 12-13　自动往返控制线路四个行程开关的安装位置

　　电路工作原理分析如下：

　　(1) 闭合电源开关 QS。

　　(2) 往返运行控制。

　　① 运转控制。若启动时运动部件处于反向位置，则按下正转按钮 SB1→KM1 线圈得电→KM1 主触头闭合、KM1 常开辅助触头闭合、KM1 常闭辅助触头断开→KM1 主触头闭合，电动机得电正转，驱动运动部件正向运动；KM1 常开辅助触头闭合，使 KM1 线圈在 SB1 断开时继续得电(自锁)；KM1 常闭辅助触头断开，使 KM2 线圈无法得电，实现 KM1、KM2 之间的联锁。

　　② 方向转换控制。电动机正转带动运动部件运动并碰触行程开关 SQ1→SQ1 常闭触头 SQ1-1 断开、常开触点 SQ1-2 闭合→KM1 线圈失电→KM1 主触头断开、KM1 常开辅助触头断开、KM1 常闭辅助触头闭合→KM1 主触头断开，使电动机失电，KM1 常开辅助触头断开，撤销自锁，闭合的 KM1 常闭辅助触头与闭合的 SQ1-2 为 KM2 线圈供电→KM2 主触头闭合，电动机得电反转，驱动运动部件反向运动；KM2 常开辅助触头闭合，使 KM2 线圈在 SB2 断开时继续得电(自锁)；KM2 常闭辅助触头断开，使 KM1 线圈无法得电，实现 KM2、KM1 之间的联锁。

　　③ 终端保护控制。若行程开关 SQ1 失效，则运动部件碰触 SQ1 时，常闭触头 SQ1-1 仍闭合、常开触点 SQ1-2 仍断开→电动机继续正转，带动运动部件碰触行程开关 SQ3→SQ3 常闭触头断开→KM1 线圈供电切断→KM1 主触头断开→电动机停转，运动部件停止运动。

　　若启动时运动部件处于正向位置，则应按下反转按钮 SB2，其工作原理与运动部件处于反向位置时按下正转按钮 SB1 的相同，这里不再赘述。

　　(3) 停止控制。若需要停止运动部件的往返运行，可按下停止按钮 SB3→KM1、KM2 线圈供电均被切断→KM1、KM2 主触头均断开→电动机失电停转→运动部件停止运行。

　　(4) 断开电源开关 QS。

12.5　顺序控制线路

有些机械设备安装有两个或两个以上的电动机。为了保证设备的正常工作，常常要求这些电动机按顺序启动，如只有在电动机 A 启动后电动机 B 才能启动，否则机械设备工作容易出现问题。顺序控制线路就是让多台电动机能按先后顺序工作的控制线路。实现顺序控制的线路很多，下面介绍两种常用的顺序控制线路。

12.5.1　顺序控制线路一

图 12-14 是一种常用的顺序控制线路。

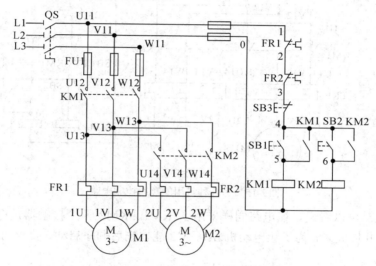

图 12-14　一种常用的顺序控制线路

从图 12-14 可以看出，该电路采用了 KM1、KM2 两个接触器，KM1、KM2 的主触头属于串接关系，KM2 主触头接在 KM1 主触头的下方，在 KM1 主触头断开时，KM2 主触头闭合无效，也就是说，只有 KM1 主触头先闭合让电动机 M1 启动，然后 KM2 闭合才能让电动机 M2 启动。

电路工作原理分析如下：

(1) 闭合电源开关 QS。

(2) 电动机 M1 的启动控制。按下电动机 M1 启动按钮 SB1→线圈 KM1 得电→KM1 主触头闭合、KM1 常开辅助触头闭合→KM1 主触头闭合，电动机 M1 得电运转；KM1 常开辅助触头闭合，使 KM1 线圈在 SB1 断开时继续得电(自锁)。

(3) 电动机 M2 的启动控制。按下电动机 M2 启动按钮 SB2→线圈 KM2 得电→KM2 主触头闭合、KM2 常开辅助触头闭合→KM2 主触头闭合，电动机 M2 得电运转；KM2 常开辅助触头闭合，使 KM2 线圈在 SB2 断开时继续得电。

(4) 停转控制。按下停转按钮 SB3→KM1、KM2 线圈均失电→KM1、KM2 主触头均断开→电动机 M1、M2 均失电停转。

(5) 断开电源开关 QS。

12.5.2　顺序控制线路二

图 12-15 是另一种常用的顺序控制线路。

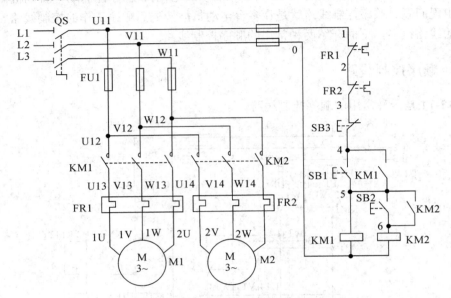

图 12-15　另一种常用的顺序控制电路

在图 12-15 可以看出，该电路同样采用了 KM1、KM2 两个接触器，但 KM1、KM2 的主触头属于并接关系，为了让电动机 M1、M2 能按先后顺序启动，要求两个接触器的主触头先后闭合。

电路工作原理分析如下：

(1) 闭合电源开关 QS。

(2) 电动机 M1 的启动控制。按下电动机 M1 启动按钮 SB1→线圈 KM1 得电→KM1 主触头闭合、KM1 常开辅助触头闭合→KM1 主触头闭合，电动机 M1 得电运转；KM1 常开辅助触头闭合，使 KM1 线圈在 SB1 断开时继续得电(自锁)。

(3) 电动机 M2 的启动控制。按下电动机 M2 启动按钮 SB2→线圈 KM2 得电→KM2 主触头闭合、KM2 常开辅助触头闭合→KM2 主触头闭合，电动机 M2 得电运转；KM2 常开辅助触头闭合，使 KM2 线圈在 SB2 断开时继续得电。

(4) 停转控制。按下停转按钮 SB3→KM1、KM2 线圈均失电→KM1、KM2 主触头均断开→电动机 M1、M2 均失电停转。

(5) 断开电源开关 QS。

在图 12-15 电路中，若先按下电动机 M2 启动按钮 SB2，由于 SB1 和 KM1 常开辅助触头都是断开的，KM2 线圈无法得电，KM2 主触头无法闭合，故电动机 M2 无法在电动机 M1 前启动。

12.6　多地控制线路

利用多地控制线路可以在多个地点操作同一台电动机的运行。多地控制线路如图12-16 所示。

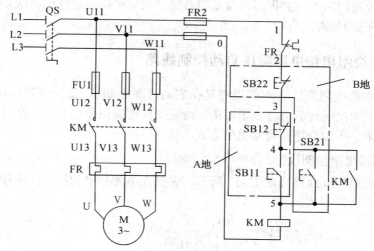

图 12-16　多地控制线路

在图 12-16 中，SB11、SB12 分别为 A 地启动和停止按钮，安装在 A 地；SB21、SB2 分别为 B 地启动和停止按钮，安装在 B 地。

电路工作原理分析如下：

(1) 闭合电源开关 QS。

(2) A 地启动控制。按下 A 地启动按钮 SB11→线圈 KM 得电→KM 主触头闭合、KM1 常开辅助触头闭合→KM 主触头闭合，电动机得电运转；KM 常开辅助触头闭合，使 KM 线圈在 SB11 断开时继续得电(自锁)。

(3) A 地停止控制。按下 A 地停止按钮 SB 12→线圈 KM 失电→KM 主触头断开、KM1 常开辅助触头断开→KM 主触头断开，电动机失电停转；KM 常开辅助触头断开，让 KM 线圈在 SB12 复位闭合时无法得电。

(4) B 地控制。B 地启动与停止的控制原理与 A 地的相同。

(5) 断开电源开关 QS。

图 12-16 实际上是一个两地控制线路，如果要实现三个或三个以上地点控制，只要将各地的启动按钮并接，将停止按钮串接即可。

12.7　降压启动控制线路

电动机在刚启动时，流过定子绕组的电流很大，约为额定电流的 4～7 倍。对于容量大的电动机，若采用普通的全压启动方式，则会出现启动时电流过大而使供电电源电压下降很多的问题，这样可能会影响同一供电的其他设备正常工作。

解决上述问题的方法就是对电动机进行降压启动，待电动机运转以后再提供全压。一般规定，供电电源容量在 180 kVA 以上、电动机容量在 7 kW 以下的三相异步电动机可采用直接全压启动，超出这个范围需采用降压启动方式。另外，由于降压启动时流入电动机的电流较小，电动机产生的力矩小，故降压启动需要在轻载或空载时进行。

降压启动控制线路的种类很多，常见的有定子绕组串接电阻降压启动、自耦变压器降压启动、星形-三角形降压启动。

12.7.1　定子绕组串接电阻降压启动控制线路

定子绕组串接电阻降压启动的原理是在启动时在电动机定子绕组和电源之间串接电阻进行降压，电动机运转后再将电阻短接，给定子绕组提供全压。定子绕组串接电阻降压的实现方式很多，下面介绍几种常见的方式。

1. 手动切换电阻控制线路

手动切换电阻控制线路如图 12-17 所示，它是在电源与电动机之间串接 3 个电阻，并在电阻两端并联转换开关。

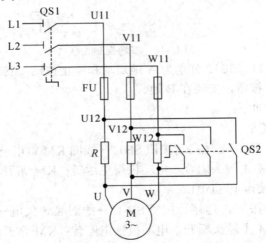

图 12-17　手动切换电阻控制线路

电路工作原理分析如下：

(1) 闭合电源开关 QS1。

(2) 降压启动。电源经电阻 R 降压后为电动机供电，由于电阻的降压作用，送给电动机的电压较低，电动机降压启动。

(3) 全压供电。电动机低压启动后，将转换开关 QS2 闭合，电源直接经 QS2 提供给电动机，电动机全压运行。

(4) 断开电源开关 QS1。

2. 按钮和接触器切换电阻控制线路

按钮和接触器切换电阻控制线路如图 12-18 所示。

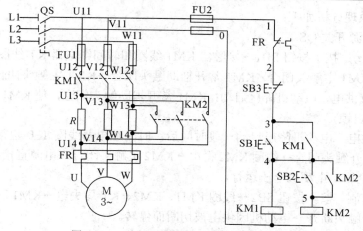

图 12-18 按钮和接触器切换电阻控制线路

电路工作原理分析如下。

(1) 闭合电源开关 QS。

(2) 降压启动。按下按钮 SB1→线圈 KM1 得电→KM1 主触头闭合、KM1 常开辅助触头闭合→KM1 主触头闭合，电源经电阻 R 降压为电动机供电，电动机被降压启动；KM1 常开辅助触头闭合，使 KM1 线圈在 SB1 断开时继续得电(自锁)。

(3) 全压供电。按下按钮 SB2→线圈 KM2 得电→KM2 主触头闭合、KM2 常开辅助触头闭合→KM2 主触头闭合，电源直接经 KM2 主触头为电动机提供全压，电动机全压运行；KM2 常开辅助触头闭合，使 KM2 线圈在 SB2 断开时继续得电(自锁)。

(4) 停止控制。按下按钮 SB3→线圈 KM1、KM2 均失电→KM1、KM2 主触头均断开→电动机供电被切断而停转。

(5) 断开电源开关 QS。

3. 时间继电器切换电阻控制线路

时间继电器切换电阻控制线路如图 12-19 所示。

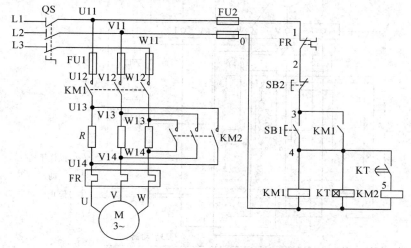

图 12-19 时间继电器切换电阻控制线路

电路工作原理分析如下：

(1) 闭合电源开关 QS。

(2) 降压启动。按下按钮 SB1→接触器 KM1 线圈和时间继电器 KT 线圈均得电→KM1 线圈得电，使 KM1 主触头闭合，KM1 常开辅助触头闭合→KM1 主触头闭合，电源经电阻 R 降压为电动机供电，电动机降压启动；KM1 常开辅助触头闭合，使 KM1 线圈在 SB1 断开时继续得电(自锁)。

(3) 全压供电。电动机降压启动一段时间后，时间继电器线圈 KT 也得电一段时间→KT 延时闭合常开触头闭合→线圈 KM2 得电→KM2 主触头闭合→电源直接经 KM2 主触头为电动机提供全压，电动机全压运行。

(4) 停止控制。按下按钮 SB2→线圈 KM1、KM2、KT 均失电→KM1、KM2 主触头均断开，KT 常开触头断开→电动机因供电被切断而停转。

(5) 断开电源开关 QS。

12.7.2　自耦变压器降压启动控制线路

自耦变压器降压启动是利用自耦变压器能改变电压大小的特点，在启动电动机时让自耦变压器将电压降低供给电动机，启动完成后再将电压升高提供给电动机。

1. 手动控制启动器降压线路

手动控制启动器降压线路常用到 QJ3 启动器，由 QJ3 启动器构成的手动控制启动器降压线路如图 12-20 所示。

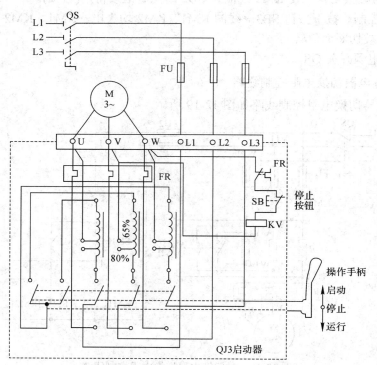

图 12-20　由 QJ3 启动器构成的手动控制启动器降压线路

图 12-20 虚线框内部分为启动器，它有 6 个接线端，分别与三相电源和电动机连接，操作启动器的手柄可以对电动机进行启动/停止/运行控制。

电路工作原理分析如下。

(1) 闭合电源开关 QS。

(2) 降压启动。将启动器手柄旋至"启动"挡→与手柄联动的 5 个动触头与上方各自的静触头接通→左方两个触头接通，将自耦变压器的三相线圈末端连接在一起(即接成星形)；右方 3 个触头接通，将三相电源送到三相线圈的首端→取三相线圈上 65% 的电压送给电动机→电动机被降压启动。

(3) 全压供电。将启动器手柄旋至"运行"挡→与手柄联动的左方两个动触头悬空，右方 3 个动触与下方各自的静触头接通→三相电源直接通过热继电器发热元件 FR 送给电动机→电动机全压运行。

(4) 停止控制。按下停止按钮 SB→启动器的欠压脱扣线圈 KV 失电→线圈 KV 无法吸合内部衔铁，通过传动机构让启动器自动掉闸，手柄自动旋至"停止"挡→与手柄联动的 5 个动触头均悬空→电动机失电停转。

(5) 断开电源开关 QS。

采用 QJ3 启动器来降压启动时，由于手柄切换挡位时都是带电操作，动触头与静触头之间容易出现电弧。为了消除电弧对触头的损伤，与手柄联动的几个触头都要浸在绝缘油内。

2. 时间继电器自动控制启动器降压线路

时间继电器自动控制启动器降压线路如图 12-21 所示。从图中可以看出，该线路由主电路、控制电路和指示电路构成，指示电路中有三个指示灯，HL1 为电源指示灯，HL2 为降压启动指示灯，HL3 为全压运行指示灯。

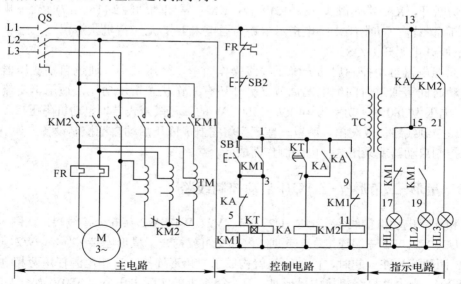

图 12-21　时间继电器自动控制启动器降压线路

电路工作原理分析如下：

(1) 闭合电源开关 QS。QS 闭合后，L1、L2 两相电压加到变压器 TC 一次绕组，经降压后在二次绕组得到较低的电压，该电压经中间继电器 KA 常闭触头和 KM1 常闭辅助触头送到 HL1 两端，HL1 亮，显示电路处于通电状态。

(2) 降压启动。按下降压启动按钮 SB1→接触器 KM1 线圈 KM1 和时间继电器 KT 线圈均得电→KM1 线圈 KM1 通电，使 KM1 主触头闭合，KM1 两个常开辅助触头(1、3 和 15、19)闭合，KM1 两个常闭辅助触头(9、11 和 15、17)断开→KM1 主触头闭合，三相电源送给自耦变压器 TM，经降压后送到电动机，电动机被降压启动；KM1 常开辅助触头(1、3)闭合，使 KM1 线圈在 SB1 断开时能继续得电，KM1 常开辅助触头(15、19)闭合，使 HL2 得电显示电路为降压启动状态；KM1 常闭辅助触头(9、11)断开，使 KM2 线圈无法得电；KM1 常闭辅助触头(15、17)断开，使 HL1 失电熄灭。

(3) 全压运行。电动机降压启动运转一段时间后，时间继电器 KT 线圈也通电一段时间→KT 延时闭合常开触头闭合→中间继电器线圈 KA 得电→KA 两个常开触头(1、7 和 1、9)闭合、KA 两个常闭辅助触头(3、5 和 13、15)断开→KA 常开触头(1、7)闭合，使 KA 线圈在 SB1 断开时能继续得电(自锁)；KA 常闭辅助触头(3、5)断开，使 KM1 线圈失电；KA 常闭辅助触头(13、15)断开，使 HL2 供电切断→KM1 线圈失电，使主触头断开，两个常开辅助触头(1、3 和 15、19)断开；两个常闭辅助触头(9、11 和 15、17)闭合→KM1 主触头断开，使自耦变压器失电；常开辅助触头(1、3)断开，使时间继电器 KT 线圈失电；常闭辅助触头(9、11)闭合，使 KM2 线圈得电→KM2 线圈得电，使 KM2 主触头闭合，常开辅助触头(13、21)闭合，两个常闭触头断开→KM2 主触头闭合，使三相电源直接送给电动机，电动机全压运行；常开辅助触头(13、21)闭合，使 HL3 得电指示状态为全压运行；两个常闭触头断开，使自耦变压器三组线圈中性点连接切断。

(4) 停止控制。按下停止按钮 SB2→线圈 KM1、KM2、KT、KA 均失电→KM1、KM2 主触头均断开，KA 常闭触头(13、15)闭合，KM1 常闭辅助触头(15、17)闭合→电动机供电被切断而停转，同时 HL1 得电指示电路为通电未工作状态(待机状态)。

(5) 断开电源开关 QS。

时间继电器自动控制启动器降压线路操作简单，降压大小可通过自耦变压器调节，降压启动时间可通过时间继电器调节，另外还有工作状态指示功能，适用于交流频率为 50 Hz、电压为 380 V、功率为 14 kW～300 kW 的三相鼠笼式异步电动机降压启动。由于这种降压控制线路优点突出，所以一些厂家将它制成降压启动自动控制设备，如 XJ01 系列自动控制启动器就采用这种电路制作而成。

12.7.3　星形-三角形(Y-△)降压启动控制线路

三相异步电动机接线盒有 U1、U2、V1、V2、W1、W2 共 6 个接线端，如图 12-22 所示。当 U2、V2、W2 三端连接在一起时，内部绕组就构成了星形连接；当 U1-W2、U2-V1、V2-W1 两两连接在一起时，内部绕组就构成了三角形连接。三相电源任意两相之间的电压是 380 V，当电动机绕组接成星形时，每个绕组上的实际电压值为 $380V/\sqrt{3} \approx 220\,V$；当电动机绕组接成三角形时，每个绕组上的电压值为 380 V。由于绕组接成星形时电压降低，相应流过绕组的电流也减小(约为三角形接法的 1/3)。

星形-三角形(Y-△)降压启动控制线路就是在启动时将电动机的绕组接成星形，启动后再将绕组接成三角形，让电动机全压运行。当电动机绕组接成星形时，绕组上的电压低、流过的电流小，因而产生的力矩也小，所以星形-三角形降压启动只适用于轻载或空载启动。

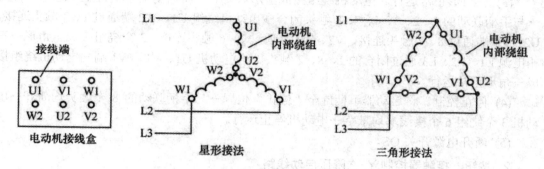

图 12-22　三相异步电动机接线盒与两种接线方式

实现星形-三角形(Y-△)降压启动控制的线路很多，下面介绍几种较常见的控制线路。

1. 手动控制 Y-△ 降压启动线路

在手动控制 Y-△ 降压启动控制线路中，需要用到手动 Y-△ 启动器。QX1 型手动 Y-△ 启动器是一种应用很广的启动器，由 QX1 型手动 Y-△ 启动器构成的降压启动控制线路如图 12-23 所示。手动控制启动器手柄处于"启动""停止"和"运行"不同位置时，内部有 8 个触头的状态，如图 12-23 中的表格所示。

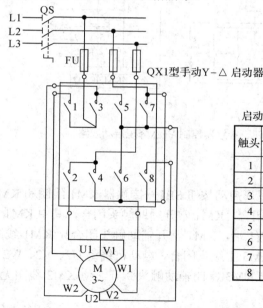

启动器手柄位置与各触头的状态

触头	手柄位置		
	启动Y	停止0	运行△
1	接通		接通
2	接通		接通
3			接通
4			接通
5	接通		
6	接通		
7			接通
8	接通		接通

图 12-23　由 QX1 型手动 Y-△启动器构成的降压启动控制线路

电路工作原理分析如下。

(1) 闭合电源开关 QS。

(2) 星形启动。将启动器手柄旋至"启动"位置→与手柄联动的 8 个触头中的 1、2、5、6、8 触头闭合→电动机绕组 U2、V2、W2 端通过闭合的 6、5 触头连接，三个绕组接成星形→三相电源 L1、L2、L3 通过闭合的 1、8、2 触头供给电动机 U1、V1、W1 端→电动机绕组接成星形启动。

(3) 三角形正常运行。电动机绕组接成星形启动后，将启动器手柄旋至"运行"位置→与手柄联动的 1、2、3、4、7、8 触头闭合→电动机绕组 U1、W2 端通过 1、3 触头连接，U2、V1 端通过 8、7 触头连接，V2、W1 端通过 2、6 触头连接，3 个绕组接成三角形→三相电源 L1、L2、L3 通过闭合的 1、8、2 触头供给电动机 U1、V1、W1 端→电动机绕组接成三角形正常运行。

(4) 停止控制。将启动器手柄旋至"停止"位置→与手柄联动的 8 个触头均断开→电动机 3 个绕组 6 个接线端均悬空→电动机停止运行。

(5) 断开电源开关 QS。

2. 按钮、接触器控制 Y-△降压启动线路

按钮、接触器控制 Y-△降压启动线路如图 12-24 所示。

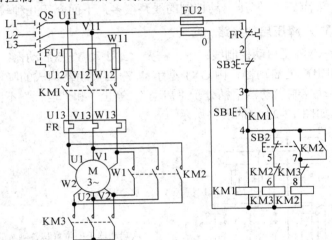

图 12-24　按钮、接触器控制 Y-△降压启动线路

电路工作原理分析如下。

(1) 闭合电源开关 QS。

(2) 星形降压启动控制。按下星形启动按钮 SB1→接触器 KM1 线圈和 KM3 线圈均得电→KM1 线圈得电使 KM1 主触头闭合、KM1 常开辅助触头闭合，其中 KM1 主触头闭合让三相电源送到电动机 U1、V1、W1 端，KM1 常开辅助触头闭合让 KM1 线圈在 SB1 断开时继续得电；KM3 线圈得电使 KM3 主触头闭合，电动机绕组 U2、V2、W2 端连接，绕组接成星形，KM3 线圈得电还会让 KM3 常闭辅助触头断开，使 KM2 线圈无法得电→电动机接成星形启动。

(3) 三角形正常运行控制。电动机绕组接成星形启动后，按下三角形运行复合按钮 SB2→SB2 常闭触头断开、常开触头闭合→SB2 常闭触头断开使线圈 KM3 失电，KM3 主触头断开，KM3 常闭辅助触头闭合；KM2 常开触头闭合使线圈 KM2 得电→线圈 KM2 得电使 KM2 主触头和常开辅助触头均闭合→KM2 常开辅助触头闭合使线圈 KM2 在 SB2 断开时继续得电，KM2 主触头闭合使电动机绕组接成三角形正常运行。

(4) 停止控制。按下停止按钮 SB3→线圈 KM1、KM2、KM3 均失电→KM1、KM2、KM3 主触头均断开→电动机供电被切断而停转。

(5) 断开电源开关 QS。

3. 时间继电器自动控制 Y-△降压启动线路

时间继电器自动控制 Y-△降压启动线路如图 12-25 所示。

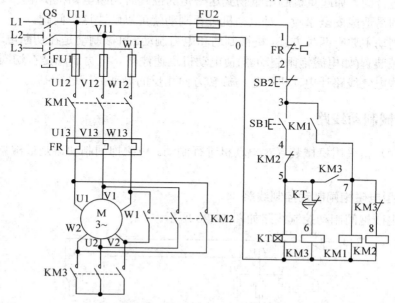

图 12-25　时间继电器自动控制 Y-△降压启动线路

电路工作原理分析如下。

(1) 闭合电源开关 QS。

(2) 星形降压启动控制。按下启动按钮 SB1→接触器 KM3 线圈和时间继电器 KT 线圈均得电→KM3 主触头闭合，KM3 常开辅助触头闭合，KM3 常闭辅助触头断开→KM3 主触头闭合，将电动机三个绕组接成星形；KM3 常闭辅助触头断开，使 KM2 线圈的供电切断；KM3 常开辅助触头闭合，使 KM1 线圈得电→KM1 常开辅助触头和主触头均闭合→KM1 常开辅助触头断开，使 KM1 线圈在 SB1 断开后继续得电；KM1 主触头闭合，使电动机 U1、V1、W1 端得电，电动机星形启动。

(3) 三角形正常运行控制。时间继电器 KT 线圈得电一段时间后，延时常闭触头 KT 断开→KM3 线圈失电→KM3 主触头断开，KM3 常开辅助触头断开，KM3 常闭辅助触头闭合→KM3 主触头断开，撤销电动机三个绕组的星形连接；KM3 常闭辅助触头闭合，使 KM2 线圈得电→KM2 线圈得电，使 KM2 常闭辅助触头断开和 KM2 主触头闭合→KM2 常闭辅助触头断开，使 KT 线圈失电；KM2 主触头闭合，将电动机三个绕组接成三角形方式，电动机以三角形方式正常运行。

(4) 停止控制。按下停止按钮 SB2→线圈 KM1、KM2、KM3 均失电→KM1、KM2、KM3 主触头均断开→电动机因供电被切断而停转。

(5) 断开电源开关 QS。

12.8　制动控制线路

电动机切断供电后并不马上停转，而是依靠惯性继续运转一段时间。这种情况对于某些设备是不适合的，如起重机起吊重物到达一定的位置时切断电动机供电，要求电动机马上停转，否则易造成安全事故。对电动机进行制动就可以解决这个问题。

电动机制动主要有两种方式：机械制动和电力制动。机械制动是在切断电动机供电后，利用一些机械装置(如电磁抱闸制动器)使电动机迅速停转。电力制动是在切断电动机电源后，利用一些电气线路让电动机产生与旋转方向相反的制动力矩进行制动。

12.8.1　机械制动线路

机械制动是指采用机械装置对电动机进行制动。电磁抱闸制动器是最常见的机械制动装置。

1. 断电型电磁抱闸制动控制线路

断电型电磁抱闸制动控制线路如图 12-26 所示。

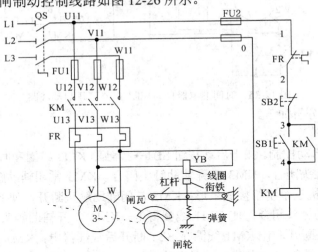

图 12-26　断电型电磁抱闸制动控制线路

电路工作原理分析如下。

(1) 闭合电源开关 QS。

(2) 启动控制。按下启动按钮 SB1→接触器线圈 KM 得电→KM 常开辅助触头和主触头均闭合→KM 常开辅助触头闭合，使 SB1 断开后 KM 线圈继续得电(自锁)；KM 主触头闭合，使电动机 U、V、W 端得电；在电动机得电的同时，电磁制动器的线圈 YB 也得电，YB 产生磁场吸合衔铁，衔铁克服弹簧拉力带动杠杆上移，杠杆带动闸瓦上移，闸瓦与闸轮脱离，电动机正常运转。

(3) 制动控制。按下停止按钮 SB2→线圈 KM 失电→KM 主触头断开→电动机失电，同时电磁制动器线圈 YB 也失电，弹簧将杠杆下拉，杠杆带动闸瓦下移，闸瓦与闸轮紧紧接触，通过转轴对电动机进行制动。

(4) 断开电源开关 QS。

2. 通电型电磁抱闸制动控制线路

通电型电磁抱闸制动控制线路如图 12-27 所示。

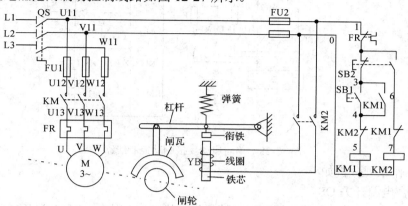

图 12-27　通电型电磁抱闸制动控制线路

电路工作原理分析如下：

(1) 闭合电源开关 QS。

(2) 启动控制。按下启动按钮 SB1→接触器线圈 KM1 得电→KM1 常开辅助触头闭合，KM1 常闭辅助触头断开，KM1 主触头闭合→KM1 常开辅助触头闭合，使 SB1 断开后 KM 线圈继续得电(自锁)；KM1 常闭辅助触头断开，使 KM2 线圈无法得电，KM2 主触头断开，电磁铁线圈 YB 失电，依靠弹簧的拉力使闸瓦与闸轮脱离；KM1 主触头闭合，使电动机 U、V、W 端得电运转。

(3) 制动控制。按下停止复合按钮 SB2→接触器线圈 KM1 失电，接触器线圈 KM2 得电→KM1 主触头断开，使电动机失电；KM2 主触头闭合，使电磁铁线圈 YB 得电，吸合衔铁带动杠杆将闸瓦与闸轮抱紧，对电动机进行制动。电动机制动停转后，松开按钮 SB2，KM2 线圈失电，KM2 主触头断开，电磁铁线圈 YB 失电，杠杆在弹簧的拉力下复位，闸瓦与闸轮脱离，解除电动机制动。

(4) 断开电源开关 QS。

12.8.2　电力制动线路

电力制动是指在切断电动机电源后，利用电气线路让电动机产生与旋转方向相反的制动力矩进行制动。电力制动方式主要有反接制动、能耗制动、电容制动等。

1. 反接制动线路

反接制动是在切断电动机的正常电源后，马上改变电源相序并提供给电动机，让电动机定子绕组产生相反的旋转磁场，对依靠惯性运转的转子进行制动。

图 12-28 是一种单向启动反接制动控制线路。图中的 KS 为速度继电器，安装在电动机转轴上，用来检测电动机旋转情况。当电动机转速接近零时，速度继电器 KS 触头会产生动作，停止制动。

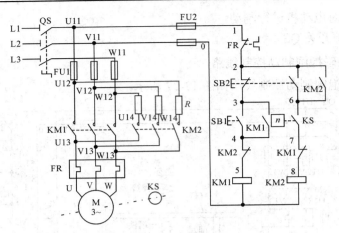

图 12-28 单向启动反接制动控制线路

电路工作原理分析如下：

(1) 闭合电源开关 QS。

(2) 启动控制。按下启动按钮 SB1→接触器线圈 KM1 得电→KM1 常开辅助触头闭合，KM1 常闭辅助触头断开，KM1 主触头闭合→KM1 常开辅助触头闭合，使 SB1 断开后 KM1 线圈继续得电(自锁)；KM1 常闭辅助触头断开，使 KM2 线圈无法得电；KM1 主触头闭合，使电动机得电运转。在电动机运转期间，速度继电器 KS 常开触头处于闭合状态。

(3) 制动控制。按下停止复合按钮 SB2→接触器线圈 KM1 失电，接触器线圈 KM2 得电→KM1 主触头断开，使电动机失电；KM2 主触头闭合，为电动机提供反转电源；电动机转子在反转磁场作用下，转速迅速降低→当电动机转速很低(小于 100 r/min)时，速度继电器 KS 常开触头断开→接触器线圈 KM2 失电→KM2 主触头断开，电动机反转制动电源切断。

(4) 断开电源开关 QS。

电动机在采用单向启动反接制动时，定子绕组旋转磁场与转子的相对速度很高，定子绕组中的电流很大，可达额定电流的 10 倍，所以这种制动方式一般用作容量在 10 kW 以下电动机的制动，并且对于 4.5 kW 以下的电动机还需在反转供电线路中串接限流电阻 R。限流电阻 R 的大小可根据下面两个经验公式来估算：

当电源电压为 380 V 且要求制动电流为启动电流一半时，限流电阻 R 的计算公式为

$$R \approx 1.5 \times \frac{220}{I}$$

式中，I 为启动电流。

当电源电压为 380V 且要求制动电流等于启动电流时，限流电阻 R 的计算公式为

$$R \approx 1.3 \times \frac{220}{I}$$

若仅在两相反接制动线路中串接电阻，则一般要求电阻值为上面估算值的 1.5 倍。

2. 能耗制动线路

能耗制动是在电动机切断交流电源后，给任意两相定子绕组通入直流电，让直流电产

生与转子旋转方向相反的制动力矩来消耗转子的惯性来进行制动。

图 12-29 是一种单相半波整流能耗制动控制线路。该线路采用一个二极管构成半波整流电路，将交流电转换成直流电。因采用的元件少，线路简单且成本低，故适合作 10 kW 以下小容量电动机的制动控制。

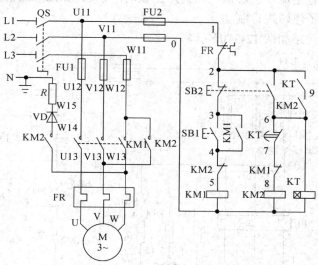

图 12-29　单相半波整流能耗制动控制线路

电路工作原理分析如下：

(1) 闭合电源开关 QS。

(2) 启动控制。按下启动按钮 SB1→接触器线圈 KM1 得电→KM1 常开辅助触头闭合，常闭辅助触头断开，主触头闭合→KM1 常开辅助触头闭合，锁定 KM1 线圈得电；KM1 常闭辅助触头断开，使 KM2 线圈无法得电；KM1 主触头闭合，使电动机得电运转。

(3) 制动控制。工作流程如图 12-30 所示。

(4) 断开电源开关 QS。

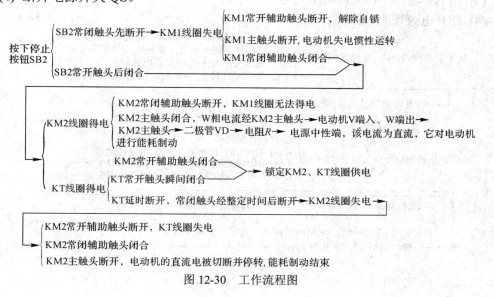

图 12-30　工作流程图

3. 电容制动线路

运行的电动机在停止供电后依靠惯性继续运转，此时的转子仍有剩磁。带有磁性的转子运转时其磁场切割定子绕组，定子绕组会产生电动势。若用电容将 3 个定子绕组连接起来，定子绕组中就有电流产生，该电流会产生磁场。该磁场与旋转的转子磁场正好相反，通过排斥作用让转子停转进行制动。

电容制动控制线路如图 12-31 所示。

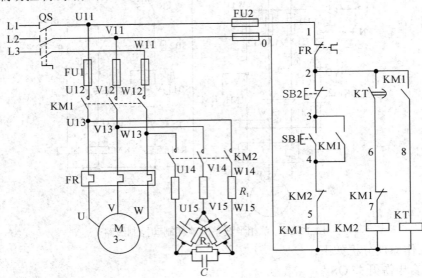

图 12-31　电容制动控制线路

电路工作原理分析如下：

(1) 闭合电源开关 QS。

(2) 启动控制。工作流程如图 12-32(a)所示。

(3) 制动控制。工作流程如图 12-32(b)所示。

(4) 断开电源开关 QS。

按下启动按钮SB1→KM1线圈得电
- KM1常开辅助触头3、4闭合，锁定KM1线圈得电
- KM1常闭辅助触头断开，切断KM2线圈供电
- KM1主触头闭合→电动机得电运转
- KM1常开辅助触头2、8闭合，KT线圈得电

└→ KT延时断开触头瞬间闭合，为KM2线圈得电作准备

(a)

按下停止按钮SB2→KM1线圈失电
- KM1常开辅助触头3、4断开，解除自锁
- KM1主触头断开→电动机失电惯性运转
- KM1常闭辅助触头闭合→KM2线圈得电
- KM1常开辅助触头2、8断开→KT线圈失电

┌→ KM2常闭辅助触头断开，切断KM1线圈供电电路

├→ Km2主触头闭合→电动机接入三相电容制动至停止

└→ 一段时间后，KT常开触头断开→KM2线圈失电→KM2主触头断开→三相电容断开

(b)

图 12-32　工作流程图

电容制动具有制动迅速(制动停车时间约 1 s～3 s)、能量损耗小、设备简单等优点,通常用于 10 kW 以下的小容量电动机制动控制,特别适用于有机械摩擦阻力的生产机械设备和需要同时制动的多台电动机中。

第 12 章习题

一、概念题

1. 举例说出一种异步电动机的调速方法。
2. 请绘制电动机自锁正转控制线路原理图。
3. 电动机自锁正转控制线路如图 12-2 所示,简述其工作原理。
4. 电动机自锁正转控制线路如图 12-2 所示,简述其如何实现失压保护。
5. 将三相异步电动机接三相电源的三根引线中的两根对调,此电动机是否会反转?简述原因。

二、判断题

1. 自动开关属于手动电器。 (   )
2. 自动空气开关具有过载、短路和欠电压保护功能。 (   )
3. 自动切换是依靠本身数据的变化或外来信号自动工作的。 (   )
4. 组合开关可直接启动 5 kW 以下的电动机。 (   )
5. 组合开关在选作直接控制电动机时,要求其额定电流取电动机额定电流的 2～3 倍。

(   )

第 13 章　电动机启动电路

电动机的启动方式有很多种，主要有软启动器启动、变频器启动、全压直接启动、自耦降压启动、星三角降压启动等。

13.1　电动机的启动方式

1. 软启动器启动

使用软启动器启动时需要配合交流接触器，这是利用了可控硅的移相调压原理来实现电动机的调压启动，主要用于电动机的启动控制，启动效果好但成本较高。由于使用了可控硅元件，可控硅工作时谐波干扰较大，对电网有一定的影响；另外电网的波动也会影响可控硅元件的导通，特别是同一电网中有多台可控硅设备时。因此可控硅元件的故障率较高。因为软启动器启动涉及电力电子技术，所以对维护技术人员的要求也较高。

2. 变频器启动

相比软启动器启动，变频器启动不需要交流接触器。因为是内置的，所以变频器的价格相对软启动器来说较高。变频器是现代电动机控制领域技术含量最高、控制功能最全、控制效果最好的电动机控制装置，它通过改变电网的频率来调节电动机的转速和转矩。因为变频器启动涉及电力电子技术、微机技术，因此成本高，对维护技术人员的要求也高，所以主要用在需要调速并且对速度控制要求高的领域。

3. 全压直接启动

一般功率比较小的电动机可以采用全压直接启动，只需要配合使用交流接触器即可。在电网容量和负载两方面都允许全压直接启动的情况下，可以考虑采用全压直接启动。该启动方式的优点是操纵控制方便，维护简单，而且比较经济，主要用于小功率电动机的启动。从节约电能的角度考虑，大于 11 kW 的电动机不宜采用全压直接启动方法。

4. 自耦降压启动

自耦降压启动利用自耦变压器的多抽头降压，既能适应不同负载启动的需要，又能得到更大的启动转矩，是一种常用于启动较大容量电动机的减压启动方式。它的最大优点是启动转矩较大，当其绕组抽头在 80% 处时，启动转矩可达直接启动时的 64%，并且可以通过抽头调节启动转矩。该方式至今仍被广泛应用。

5. 星三角降压启动

对于正常运行的定子绕组为三角形接法的鼠笼式异步电动机来说，如果在启动时将定子绕组接成星形，待启动完毕后再接成三角形，就可以降低启动电流，减轻它对电网的冲击。这样的启动方式称为星三角降压启动，或简称为星三角启动(Y-△启动)。采用星三角启动时，启动电流只是原来按三角形接法直接启动时的 1/3。这就是说采用星三角启动时，启动转矩也降为原来按三角形接法直接启动时的 1/3。该方式适用于无载或者轻载启动的场合，并且同其他降压启动器相比较，其结构最简单，价格也最便宜。除此之外，星三角启动方式还有一个优点，即当负载较轻时，可以让电动机在星形接法下运行。此时，额定转矩与负载可以匹配，这样能使电动机的效率有所提高，并因此节约了电力消耗。

13.2　正转启动电路

13.2.1　停止优先的正转启动电路

停止优先的正转启动电路的实物连接图如图 13-1 所示，其原理图如图 13-2 所示。

合上电源开关 QF，按下按钮 SB1，接触器 KM 得电吸合并自锁，主触点 KM 闭合，电动机运行，其动合辅助触点闭合用于自锁。停车时按下按钮 SB2，接触器 KM 失电释放，主触点 KM 断开，电动机停转。由于同时按下 SB2 与 SB1 时，SB2 有效，因此称为停止优先电路。

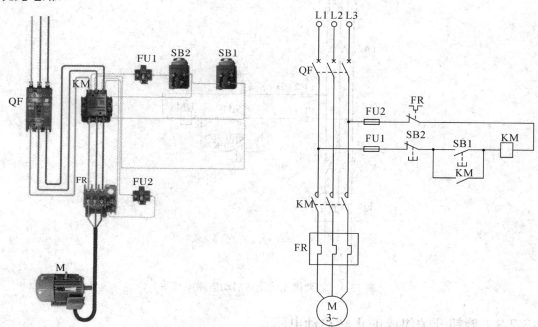

图 13-1　停止优先的正转启动电路实物连接图　　　　图 13-2　停止优先的正转启动电路原理图

13.2.2　启动优先的正转启动电路

启动优先的正转启动电路实物连接图如图 13-3 所示，其原理图如图 13-4 所示。合上电源开关 QF，按下按钮 SB1，接触器 KM 得电吸合并自锁，主触点 KM 闭合，电动机运行，其动合辅助触点闭合用于自锁。停车时按下按钮 SB2，接触器 KM 失电释放，主触点

KM 断开，电动机停转。由于同时按下 SB2 与 SB1 时，SB1 有效，因此称为启动优先电路。

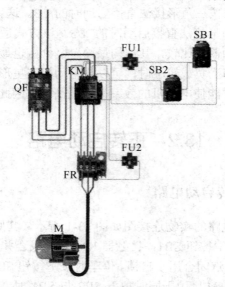

图 13-3　启动优先的正转启动电路实物连接图

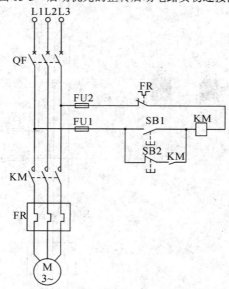

图 13-4　启动优先的正转启动电路原理图

13.2.3　旋钮开关组成的正转启动电路

旋钮开关组成的正转启动电路实物连接图如图 13-5 所示，其原理图如图 13-6 所示。

合上电源开关 QF，扳动旋钮开关 SA，SA 动合触头闭合并闭锁，接触器 KM 线圈得电，KM 主触点闭合，电动机运行。停车时扳动 SA，使 SA 动合触头断开，接触器 KM 失电释放，主触点 KM 断开，电动机停转。

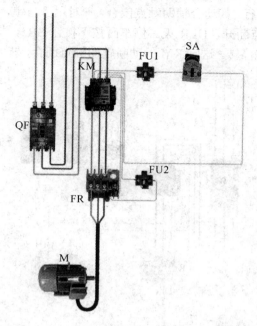

图 13-5　旋钮开关组成的正转启动电路实物连接图

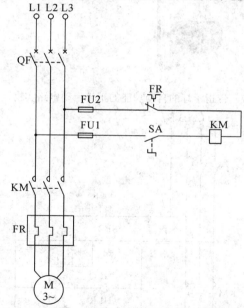

图 13-6　旋钮开关组成的正转启动电路原理图

13.2.4　带指示灯的自锁功能的正转启动电路

　　带指示灯的自锁功能的正转启动电路实物连接图如图 13-7 所示，其原理图如图 13-8 所示。

　　合上电源开关 QF，指示灯 HLR 亮。按下按钮 SB1，接触器 KM 得电吸合并自锁，主触点 KM 闭合，电动机运行，其动合辅助触点闭合，一对用于自锁，一对接通指示灯 HLG。
HLG 亮，KM 的动断触点断开，HLR 灭。停车时按下按钮 SB2，接触器 KM 失电释放，
主触点 KM 断开，电动机停转。这时 KM 的动断辅助触点闭合，指示灯 HLR 亮，HLG 灭。

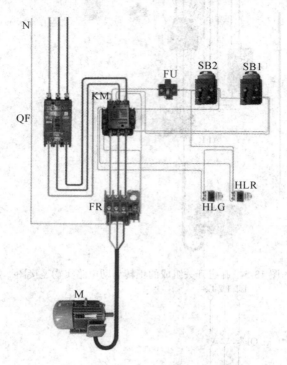

图 13-7　带指示灯的自锁功能的正转启动电路实物连接图

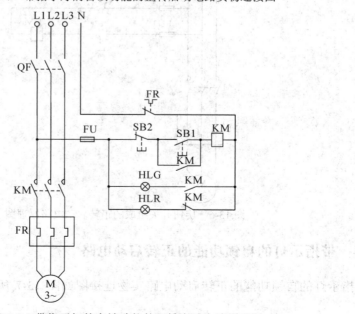

图 13-8　带指示灯的自锁功能的正转启动电路原理图

13.2.5　单按钮控制单向启动电路

单按钮控制单向启动电路实物连接图如图 13-9 所示，其原理图如图 13-10 所示。

合上电源开关 QF，按下按钮 SB，中间继电器 KA1 得电吸合，其动合触点闭合，接触器 KM 得电吸合并自锁，主触点 KM 闭合，电动机启动运行，这时 KM 动断触点断开 KA1 线圈回路，而动合辅助触点闭合。同时 KA1 的动断触点也复位闭合。

欲使电动机停转，再次按下按钮 SB，中间继电器 KA2 得电吸合。KA2 的动断触点断开，KM 失电释放，电动机停转。

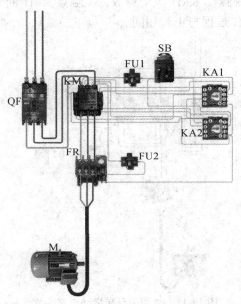

图 13-9　单按钮控制单向启动电路实物连接图

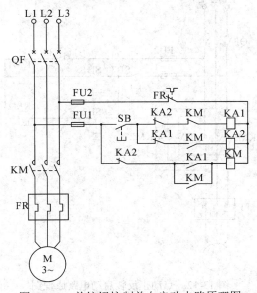

图 13-10　单按钮控制单向启动电路原理图

13.3　正反转启动电路

13.3.1　点动正反转启动电路

点动正反转启动电路实物连接图如图 13-11 所示，其原理图如图 13-12 所示。

合上电源开关 QF，按下按钮 SB1，接触器 KM1 得电吸合，主触点 KM1 闭合，电动机正转启动。松开 SB1 接触器，KM1 失电释放，主触点 KM1 断开，电动机正转停止。反转时，按下按钮 SB2，工作过程与正转相同。

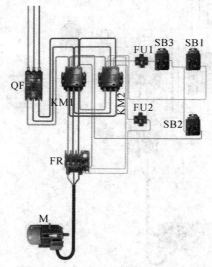

图 13-11　点动正反转启动电路实物连接图

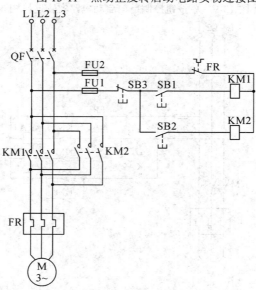

图 13-12　点动正反转启动电路原理图

13.3.2 简单的正反转启动电路

简单的正反转启动电路实物连接图如图 13-13 所示，其原理图如图 13-14 所示。

合上电源开关 QF，按下按钮 SB1，接触器 KM1 得电吸合并自锁，主触点 KM1 闭合，电动机正转启动。反转时，先按下按钮 SB3，使电动机失电，然后按下按钮 SB2，接触器 KM2 的动合触点闭合，KM2 得电吸合并自锁，主触点 KM2 闭合，电动机反转。

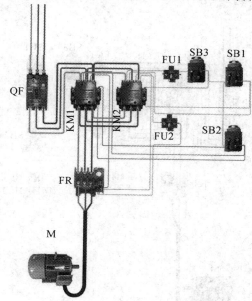

图 13-13 简单的正反转启动电路实物连接图

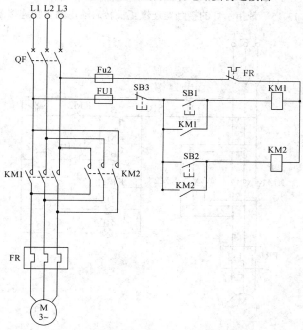

图 13-14 简单的正反转启动电路原理图

13.3.3　带指示灯的接触器连锁正反转启动电路

带指示灯的接触器连锁正反转启动电路实物连接图如图 13-15 所示，其原理图如图 13-16 所示。

合上电源开关 QF，按下按钮 SB1，接触器 KM1 得电吸合并自锁，主触点 KM1 闭合，电动机正转启动，其动合辅助触点 KM1 闭合，指示灯 HL1 亮。反转时，按下按钮 SB2，工作过程与正转相同。

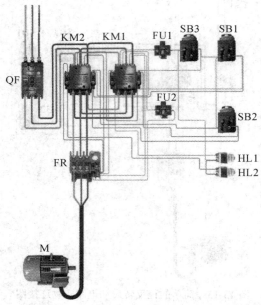

图 13-15　带指示灯的接触器连锁正反转启动电路实物连接图

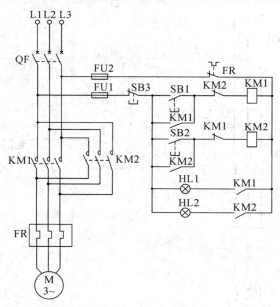

图 13-16　带指示灯的接触器连锁正反转启动电路原理图

13.3.4　带指示灯的按钮连锁正反转启动电路

带指示灯的按钮连锁正反转启动电路实物连接图如图 13-17 所示,其原理图如图 13-18 所示。

合上电源开关 QF,按下按钮 SB1,接触器 KM1 得电吸合并自锁,主触点 KM1 闭合,电动机正转运行,SB1 动断触点 KM1 断开,使接触器 KM2 线圈不能得电,指示灯 HL1 亮。按下按钮 SB2,KM2 的动合触点闭合,KM2 得电吸合并自锁,主触点 KM2 闭合,电动机反转,指示灯 HL2 亮。

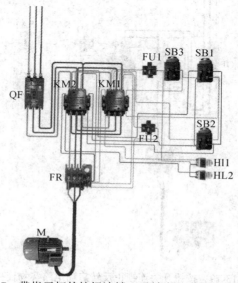

图 13-17　带指示灯的按钮连锁正反转启动电路实物连接图

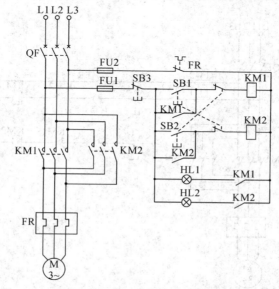

图 13-18　带指示灯的按钮连锁正反转启动电路原理图

13.3.5　按钮开关连锁正反转启动电路

　　按钮开关连锁正反转启动电路实物连接图如图 13-19 所示，其原理图如图 13-20 所示。

　　合上电源开关 QF、SA3，扳动旋钮开关 SA1，SA1 动合触头闭合并闭锁，接触器 KM1 得电吸合，主触点 KM1 闭合，电动机正转运行，SA1、KM1 动断辅助触点断开，使接触器 KM2 线圈不能得电。反转时，扳动旋钮开关 SA2，KM2 得电吸合，主触点 KM2 闭合，电动机反转。

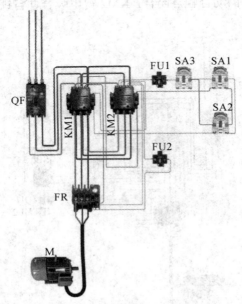

图 13-19　按钮开关连锁正反转启动电路实物连接图

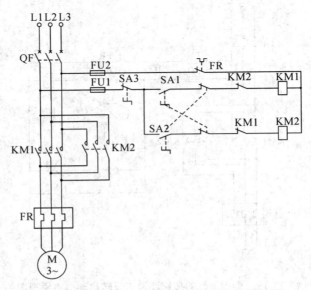

图 13-20　按钮开关连锁正反转启动电路原理图

13.4 定子回路串电阻降压启动电路

13.4.1 定子回路串入电阻手动降压启动电路(一)

定子回路串入电阻手动降压启动电路(一)实物连接图如图 13-21 所示，其原理图如图 13-22 所示。

合上电源开关 QF，按下按钮 SB1，接触器 KM1 得电吸合并自锁，主触点 KM1 吸合，电动机串入电阻 R 降压启动。经过一段时间后，按下按钮 SB2，接触器 KM2 得电吸合并自锁，主触点吸合，电动机全压运行。

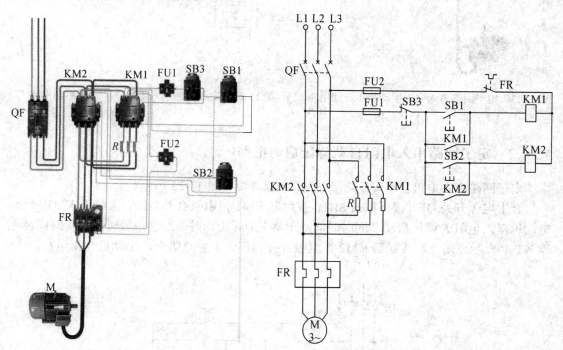

图 13-21　定子回路串入电阻手动降压启动电路(一)　图 13-22　定子回路串入电阻手动降压启动电路(一)
　　　　　　　　实物连接图　　　　　　　　　　　　　　　　　　　原理图

13.4.2 定子回路串入电阻手动降压启动电路(二)

定子回路串入电阻手动降压启动电路(二)实物连接图如图 13-23 所示，其原理图如图 13-24 所示。

合上电源开关 QF，按下按钮 SB1，接触器 KM1 得电吸合并自锁，主触点 KM1 吸合，电动机串入电阻 R 降压启动。经过一段时间后，按下按钮 SB2，接触器 KM2 得电吸合并自锁，主触点吸合。同时 KM2 动断触点断开，KM1 失电，电动机全压运行。

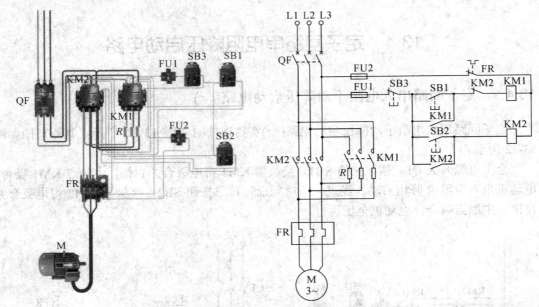

图 13-23 定子回路串入电阻手动降压启动电路(二)   图 13-24 定子回路串入电阻手动降压启动电路(二)
实物连接图   原理图

13.4.3 定子回路串入电阻自动降压启动电路(一)

定子回路串入电阻自动降压启动电路(一)原理图如图 13-25 所示。

合上电源开关 QF，按下按钮 SB1，接触器 KM1 得电吸合并自锁，主触点 KM1 吸合，电动机串入电阻 R 降压启动，同时时间继电器 KT 开始计时。经过一段时间后，时间继电器 KT 动合触点闭合，接触器 KM2 得电吸合并自锁，主触点吸合，电动机全压运行。

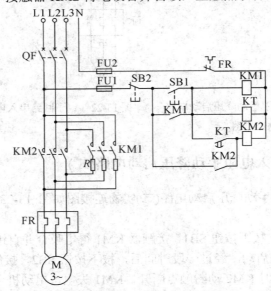

图 13-25 定子回路串入电阻自动降压启动电路(一)原理图

13.4.4　定子回路串入电阻自动降压启动电路(二)

定子回路串入电阻自动降压启动电路(二)原理图如图 13-26 所示。

合上电源开关 QF，按下按钮 SB1，接触器 KM1 得电吸合并自锁，主触点 KM1 吸合，电动机降压启动，同时时间继电器 KT 开始计时。经过一段时间后，时间继电器 KT 动合触点闭合，接触器 KM2 得电吸合并自锁，主触点吸合，同时 KM2 动断触点断开，KM1 失电，电动机全压运行。

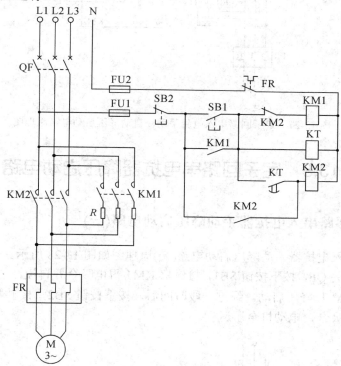

图 13-26　定子回路串入电阻自动降压启动电路(二)原理图

13.4.5　定子回路串入电阻手动、自动降压启动电路

定子回路串入电阻手动、自动降压启动电路原理图如图 13-27 所示。

当 SA 位于手动位置时，即合上电源开关 QF，按下按钮 SB1，接触器 KM1 得电吸合并自锁，主触点 KM1 吸合，电动机串入电阻 R 降压启动。经过一段时间后，按下按钮 SB2，接触器 KM2 得电吸合并自锁，主触点吸合，同时 KM2 动断触点断开，KM1 失电，电动机全压运行。

当 SA 位于自动位置时，即合上电源开关 QF，按下 SB1，接触器 KM1 得电吸合并自锁，主触点 KM1 吸合，电动机降压启动，同时时间继电器 KT 开始计时。经过一段时间后，时间继电器 KT 动合触点闭合，KM2 得电吸合并自锁，主触点吸合，同时 KM2 动断触点断开，KM1 失电，电动机全压运行。

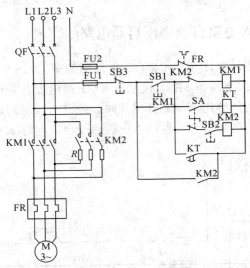

图 13-27　定子回路串入电阻手动、自动降压启动电路原理图

13.5　定子回路串电抗器降压启动电路

13.5.1　定子回路串入电抗器手动降压启动电路(一)

定子回路串入电抗器手动降压启动电路(一)原理图如图 13-28 所示。

合上电源开关 QF，按下按钮 SB1，接触器 KM1 得电吸合并自锁，主触点 KM1 吸合，电动机串入电抗器 L 降压启动。经过一段时间后，按下按钮 SB2，接触器 KM2 得电吸合并自锁，主触点吸合，电动机全压运行。

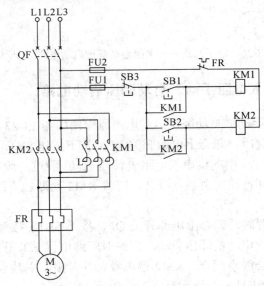

图 13-28　定子回路串入电抗器手动降压启动电路(一)原理图

13.5.2 定子回路串入电抗器手动降压启动电路(二)

定子回路串入电抗器手动降压启动电路(二)原理图如图 13-29 所示。

合上电源开关 QF，按下按钮 SB1，接触器 KM1 得电吸合并自锁，主触点 KM1 吸合，电动机串入电抗器 L 降压启动。经过一段时间后，按下按钮 SB2，接触器 KM2 得电吸合并自锁，主触点吸合，同时 KM2 动断触点断开，KM1 失电，电动机全压运行。

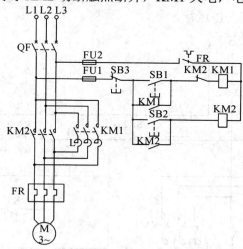

图 13-29 定子回路串入电抗器手动降压启动电路(二)原理图

13.5.3 定子回路串入电抗器自动降压启动电路(一)

定子回路串入电抗器自动降压启动电路(一)原理图如图 13-30 所示。

合上电源开关 QF，按下按钮 SB1，接触器 KM1 得电吸合并自锁，主触点 KM1 吸合，电动机串入电抗器 L 降压启动，同时时间继电器 KT 开始计时。经过一段时间后，时间继电器 KT 动合触点闭合，接触器 KM2 得电吸合并自锁，主触点吸合，电动机全压运行。

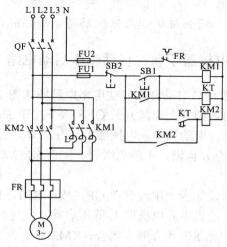

图 13-30 定子回路串入电抗器自动降压启动电路(一)原理图

13.5.4 定子回路串入电抗器自动降压启动电路(二)

定子回路串入电抗器自动降压启动电路(二)原理图如图 13-31 所示。

合上电源开关 QF，按下按钮 SB1，接触器 KM1 得电吸合并自锁，主触点 KM1 吸合，电动机串入电抗器 L 降压启动，同时时间继电器 KT 开始计时。经过一段时间后，时间继电器 KT 动合触点闭合，接触器 KM2 得电吸合并自锁，主触点吸合，同时 KM2 动断触点断开，KM1 失电，电动机全压运行。

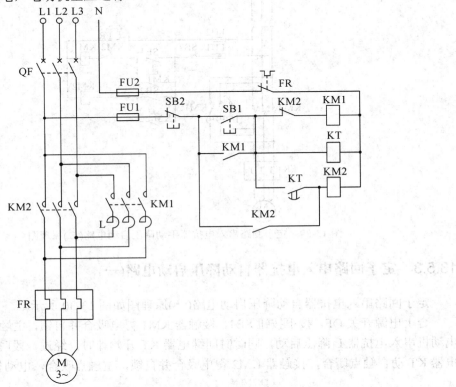

图 13-31 定子回路串入电抗器自动降压启动电路(二)原理图

13.5.5 定子回路串入电抗器手动、自动降压启动电路

定子回路串入电抗器手动、自动降压启动电路原理图如图 13-32 所示。

当 SA 位于手动位置时，即合上电源开关 QF，按下按钮 SB1，接触器 KM1 得电吸合并自锁，主触点 KM1 吸合，电动机串入电抗器 L 降压启动。经过一段时间后，按下按钮 SB2，接触器 KM2 得电吸合并自锁，主触点吸合，同时 KM2 动断触点断开，KM1 失电，电动机全压运行。

当 SA 位于自动位置时，即合上电源开关 QF，按下 SB1，接触器 KM1 得电吸合并自锁，主触点 KM1 吸合，电动机串入电抗器 L 降压启动，同时时间继电器 KT 开始计时。经过一段时间后，时间继电器 KT 动合触点闭合，KM2 得电吸合并自锁，主触点吸合，同时 KM2 动断触点断开，KM1 失电，电动机全压运行。

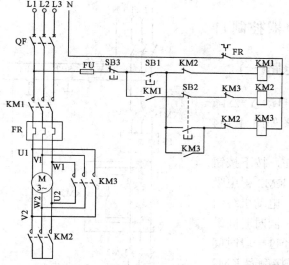

图 13-32　定子回路串入电抗器手动、自动降压启动电路原理图

13.6　Y-△降压启动电路

13.6.1　手动控制 Y-△降压启动电路

手动控制 Y-△降压启动电路原理图如图 13-33 所示。

合上电源开关 QF，按下启动按钮 SB1，接触器 KM1 和 KM2 得电吸合并通过 KM1 自锁。电动机绕组接成 Y 形降压启动。经过一段时间后，按下按钮 SB2，其动断触点断开接触器 KM2 线圈回路，而动合触点接通接触器 KM3 线圈回路，KM3 自锁，电动机在△形接法下全压运行。

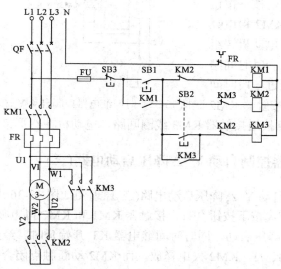

图 13-33　手动控制 Y-△降压启动电路原理图

13.6.2　时间继电器控制自动 Y-△ 降压启动电路(一)

时间继电器控制自动 Y-△ 降压启动电路(一)原理图如图 13-34 所示。

合上电源开关 QF，按下按钮 SB1，接触器 KM1 和 KM2 得电吸合并通过 KM1 自锁。电动机绕组接成 Y 形降压启动，同时时间继电器 KT 开始延时。经过一段时间后，KT 动断触点断开接触器 KM2 线圈回路，而 KT 动合触点接通接触器 KM3 线圈回路，电动机在△形接法下全压运行。

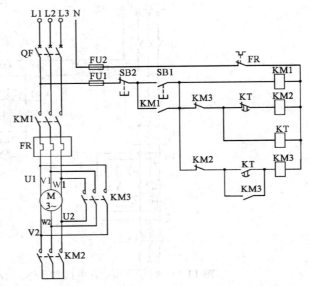

图 13-34　时间继电器控制自动 Y-△ 降压启动电路(一)原理图

13.6.3　时间继电器控制自动 Y-△ 降压启动电路(二)

时间继电器控制自动 Y-△ 降压启动电路(二)原理图如图 13-35 所示。

合上电源开关 QF，按下按钮 SB1，接触器 KM1 和 KM2 得电吸合并通过 KM1 自锁。电动机绕组接成 Y 形降压启动，同时时间继电器 KT 开始延时。经过一段时间后，KT 动断触点断开接触器 KM2 回路，而 KT 动合触点接通接触器 KM3 线圈回路，电动机在△形接法下全压运行。

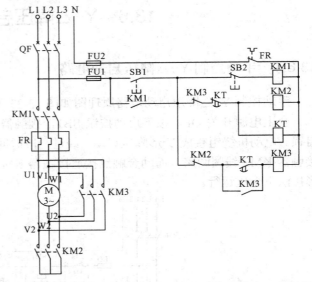

图 13-35　时间继电器控制自动 Y-△ 降压启动电路(二)原理图

13.6.4　时间继电器控制自动 Y-△ 降压启动电路(三)

时间继电器控制自动 Y-△ 降压启动电路(三)原理图如图 13-36 所示。

合上电源开关 QF，按下按钮 SB1，接触器 KM1 和 KM2 得电吸合并通过 KM2 自锁。电动机绕组接成 Y 形降压启动，同时时间继电器 KT 开始延时。经过一段时间后，KT 动断触点断开，接触器 KM1、KM2 失电释放，而 KM2 动断触点闭合使接触器 KM3 得电，继而 KM1 重新得电，电动机在△形接法下全压运行。

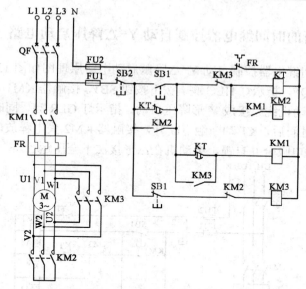

图 13-36　时间继电器控制自动 Y-△降压启动电路(三)原理图

13.6.5　有防止飞弧短路功能的 Y-△降压启动电路

有防止飞弧短路功能的 Y-△降压启动电路原理图如图 13-37 所示。

按下按钮 SB1，接触器 KM2 得电吸合并自锁，其动合辅助触点闭合，KM1 得电吸合，定子绕组接成 Y 形降压启动，同时时间继电器 KT 开始延时。经过一段时间后，KT 的动断触点断开，KM2、KM1 失电释放，KT 动合触点闭合并与复位的 KM1 的动断辅助触点接通接触器 KM3 线圈回路，KM3 得电吸合并自锁，KM3 动合辅助触点闭合，KM1 重新得电吸合，定子绕组接成△形，电动机在全压下正常运行。

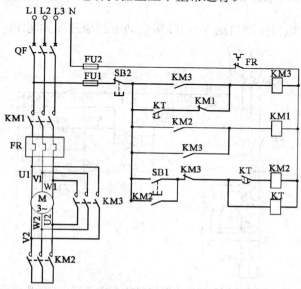

图 13-37　有防止飞弧短路功能的 Y-△降压启动电路原理图

13.6.6　带指示灯的时间继电器控制自动 Y-△ 降压启动电路

带指示灯的时间继电器控制自动 Y-△ 降压启动电路原理图如图 13-38 所示。

合上电源开关 QF，指示灯 HLG 亮。按下按钮 SB1，接触器 KM1 和 KM2 得电吸合并通过 KM1 自锁。电动机绕组接成 Y 形降压启动，指示灯 GLR 亮，同时时间继电器 KT 开始延时。经过一段时间后，KT 动断触点断开，接触器 KM2 失电释放，而 KT 动合触点闭合，接触器 KM3 得电吸合并自锁，电动机在△形接法下全压运行。

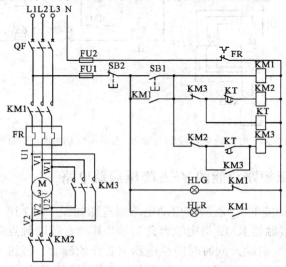

图 13-38　带指示灯的时间继电器控制自动 Y-△ 降压启动电路原理图

13.6.7　两地控制时间继电器控制自动 Y-△ 降压启动电路

两地控制时间继电器控制自动 Y-△ 降压启动电路原理图如图 13-39 所示。

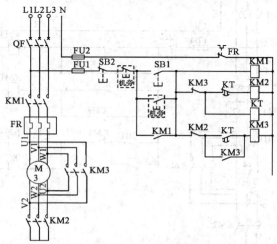

图 13-39　两地控制时间继电器控制自动 Y-△ 降压启动电路原理图

合上电源开关 QF，按下按钮 SB1，接触器 KM1 和 KM2 得电吸合并通过 KM2 自锁。电动机绕组接成 Y 形降压启动，同时时间继电器 KT 开始延时。经过一段时间后，KT 动断触点断开，接触器 KM1、KM2 失电释放，而 KM2 动断触点闭合使接触器 KM3 得电，继而接触器 KM1 重新得电，电动机在△形接法下全压运行。

加入机旁按钮后可以在两地进行启动和停止操作。

13.6.8　单按钮 Y-△降压启动电路

单按钮 Y-△降压启动电路原理图如图 13-40 所示。

合上电源开关 QF，按住启动按钮 SB，接触器 KM2 得电吸合，其动合辅助触点闭合，接触器 KM1 得电吸合并自锁，电动机绕组接成 Y 形降压启动。待电动机转速接近额定转速时，松开按钮 SB，接触器 KM2 失电释放，其动断辅助触点闭合，接触器 KM3 得电吸合，电动机切换成△形连接，在全压下运行。

欲使电动机停转，第二次按下按钮 SB，中间继电器 KA 得电吸合，其动断触点断开，接触器 KM1、KM3 失电释放，电动机停转。

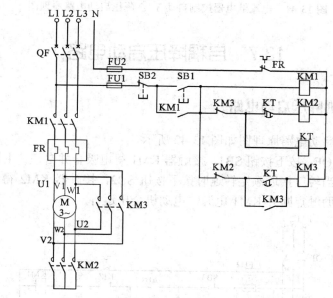

图 13-40　单按钮 Y-△降压启动电路原理图

13.6.9　电流继电器控制自动 Y-△降压启动电路

电流继电器控制自动 Y-△降压启动电路原理图如图 13-41 所示。

按下按钮 SB1，接触器 KM2 得电吸合并自锁，其动合辅助触点闭合，接触器 KM1 得电吸合，电动机绕组接成 Y 形降压启动。电流继电器 KI 的线圈通电，动断触点断开。当电流下降到一定值时，电流继电器 KI 失电释放，KI 动断触点复位闭合，接触器 KM3 得电吸合，接触器 KM2 失电释放，KM3 动合辅助触点闭合，接触器 KM1 重新得电吸合，定子绕组接成△形，电动机进入全压正常运行。

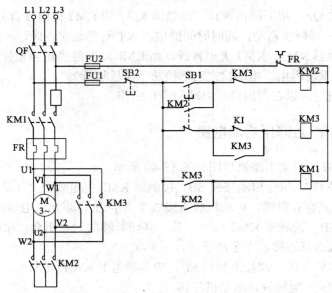

图 13-41　电流继电器控制自动 Y-△降压启动电路原理图

13.7　自耦降压启动电路

13.7.1　手动自耦降压启动电路

手动自耦降压启动电路原理图如图 13-42 所示。

合上电源开关 QF，按下按钮 SB1，接触器 KM1 得电吸合并自锁，主触点 KM1 吸合，电动机降压启动。当转速接近额定转速时按下按钮 SB2，接触器 KM2 得电吸合并自锁，主触点吸合，其辅助触点断开 KM1 电源，电动机全压运行。

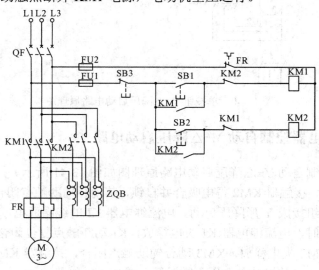

图 13-42　手动自耦降压启动电路原理图

13.7.2　自动自耦降压启动电路

自动自耦降压启动电路原理图如图 13-43 所示。

合上电源开关 QF，按下按钮 SB1，接触器 KM1 得电吸合并自锁，主触点 KM1 吸合，电动机降压启动。同时时间继电器 KT 开始计时。经过一段时间后，时间继电器 KT 动合触点闭合，接触器 KM2 得电吸合并自锁，主触点吸合，电动机全压运行。

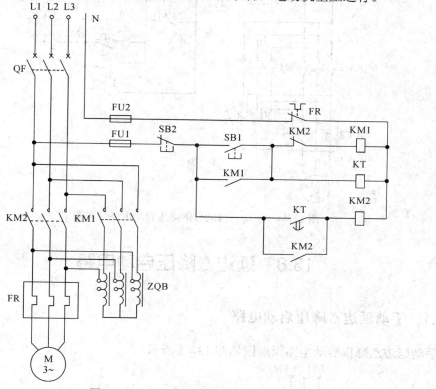

图 13-43　自动自耦降压启动电路原理图

13.7.3　手动、自动自耦降压启动电路

手动、自动自耦降压启动电路原理图如图 13-44 所示。

当 SA 位于手动位置时，即按下按钮 SB1，接触器 KM2 得电吸合并自锁，其动合辅助触点闭合，接触器 KM1 得电吸合，电动机绕组接成 Y 形降压启动，电流继电器 KI 的线圈通电，动断触点断开。当电流下降到一定值时，电流继电器 KI 失电释放，KI 动断触点复位闭合，接触器 KM3 得电吸合，KM2 失电释放，接触器 KM3 动合辅助触点闭合，接触器 KM1 重新得电吸合，定子绕组接成△形，电动机进入全压正常运行。

当 SA 位于自动位置时，即合上电源开关 QF，按下按钮 SB1，接触器 KM1 得电吸合并自锁，主触点 KM1 吸合，电动机降压启动。当转速接近额定转速时按下按钮 SB2，接触器 KM2 得电吸合并自锁，主触点吸合，其辅助触点断开接触器 KM1 电源，电动机全压运行。

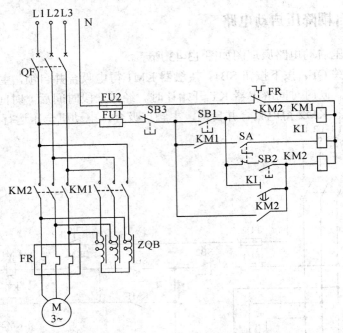

图 13-44   手动、自动自耦降压启动电路原理图

13.8   延边△降压启动电路

13.8.1   手动延边△降压启动电路

手动延边△降压启动电路原理图如图 13-45 所示。

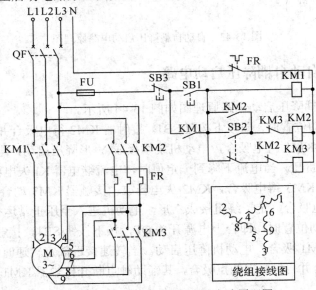

图 13-45   手动延边△降压启动电路原理图

合上电源开关 QF，按下按钮 SB1，接触器 KM1、KM3 得电吸合并通过 KM1 自锁，主触点吸合，电动机接成延边△降压启动。经过一段时间后，按下启动按钮 SB2，接触器 KM3 失电、KM2 闭合，电动机接成△运行。

13.8.2　自动延边△降压启动电路

自动延边△降压启动电路原理图如图 13-46 所示。

合上电源开关 QF，按下按钮 SB1，接触器 KM1 得电吸合并自锁，接触器 KM3 也吸合，电动机绕组接成延边△形降压启动，同时时间继电器 KT 开始延时。经过一段时间后，其延时动断触点断开 KM3 线圈回路，而延时动合触点接通接触器 KM2 线圈回路，电动机转换为△形连接，进入正常运行。

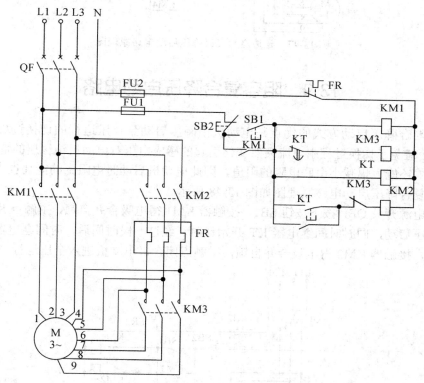

图 13-46　自动延边△降压启动电路原理图

13.8.3　延边△形二级降压启动控制电路

延边△形二级降压启动电路原理图如图 13-47 所示。

合上电源开关 QF，按下按钮 SB1，接触器 KM1、KM2 先后得电吸合，电动机绕组连成 Y 形启动。经过一段时间后，再按下按钮 SB2，接触器 KM2 失电释放，而接触器 KM3 得电吸合并自锁，电动机绕组转换成延边△形接法，开始第二级降压启动。再经过一段时间后，按下启动按钮 SB3，接触器 KM3 失电释放，接触器 KM4 得电吸合并自锁，电动机绕组转换成△形接法，投入正常运行。

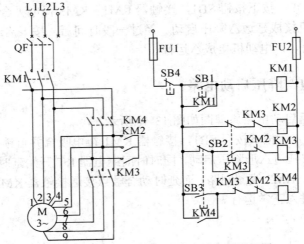

图 13-47　延边△形二级降压启动电路原理图

13.9　阻容复合降压启动电路

　　阻容复合降压启动方式的优点是电动机由降压启动到全压运行的切换过程中不间断供电，从而避免了切换过程中电流突然变化引起的感应电压对电动机绝缘层的危害。此外，该启动方式还能大幅减小串联电阻的阻值，因此电动机启动时电阻上的能耗也大幅减小。

　　阻容复合降压启动电路原理图如图 13-48 所示。

　　合上电源开关 QF，按下按钮 SB1，接触器 KM1 得电吸合并自锁，主触点 KM1 闭合，电动机降压启动，同时时间继电器 KT 开始计时。经过一段时间后，时间继电器 KT 动合触点闭合，接触器 KM2 得电吸合并自锁，主触点闭合，电动机进入全压运行。

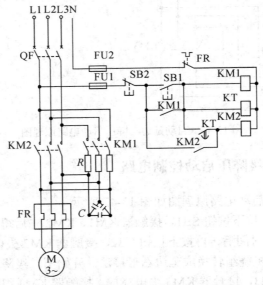

图 13-48　阻容复合降压启动电路原理图

第 13 章习题

1. 电动机的启动方式有很多种，请说出五种主要的启动方式。
2. 简述常规软件启动方式的工作原理。
3. 简述变频器启动方式的工作原理。
4. 简述全压直接启动方式的工作原理。
5. 简述自耦降压启动方式的工作原理。
6. 简述 Y-△启动方式的工作原理。
7. 简述停止优先的正转启动电路的工作原理。
8. 简述三相异步电动机的工作原理。

第14章　三相异步电动机的检测与常见故障处理

14.1　三相异步电动机的控制线路安装

三相异步电动机的控制线路有很多种，只要学会一种控制线路的安装过程，安装其他的控制线路就很容易，下面以点动控制线路的安装为例进行说明。

1. 画出待安装线路的电路原理图

在安装控制线路前，应画出控制线路的电路原理图，并了解其工作原理。

点动控制线路如图 14-1 所示。该线路由主电路和控制电路两部分构成，其中主电路由电源开关 QS、熔断器 FU1 和交流接触器的 3 个 KM 主触点和电动机组成，控制电路由熔断器 FU2、按钮开关 SB 和接触器 KM 线圈组成。

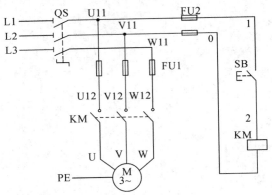

图 14-1　点动控制线路原理图

当合上电源开关 QS 时，由于接触器 KM 的 3 个主触点处于断开状态，电源无法给电动机供电，电动机不工作。若按下按钮 SB，则 L1、L2 两相电压加到接触器 KM 线圈两端，有电流流过 KM 线圈，线圈产生磁场吸合接触器 KM 的 3 个主触点，使 3 个主触点闭合，三相交流电源 L1、L2、L3 通过 QS、FU1 和接触器 KM 的 3 个主触点给电动机供电，电动机即可运转。此时，松开按钮 SB，无电流通过接触器线圈，线圈无法吸合主触点，3 个主触点断开，电动机停止运转。

该电路的工作流程如下：

(1) 合上隔离开关 QS。

(2) 启动过程。按下按钮 SB→接触器 KM 线圈得电→KM 主触点闭合→电动机 M 通电运转。

(3) 停止过程。松开按钮 SB→接触器 KM 线圈失电→KM 主触点断开→电动机 M 断电停转。

(4) 停止使用后，应断开电源开关 QS。

在该线路中，按下按钮时，电动机运转；松开按钮时，电动机停止运转。所以称这种线路为点动式控制线路。

2. 列出器材清单并选配器材

根据控制线路和电动机的规格列出器材清单，器材清单见表 14-1，并根据清单选配好这些器材。

表 14-1　点动控制线路的安装器材清单

符号	名　称	型号	规　格	数量
M	三相鼠笼式异步电动机	Y112M—4	4 kW、380 V、△接法、8.8 A、1440 r/min	1
QS	电源开关	DZ5—20/330	三极复式脱扣器、380 V、20 A	1
FU1	螺旋式熔断器	RL1—60/25	500 V、60 A、配熔体额定电流 25 A	3
FU2	螺旋式熔断器	RL1—15/2	500 V、15 A、配熔体额定电流 2 A	2
KM	交流接触器	CJT1—20	20 A、线圈电压 380 V	1
SB	按钮	LA4—3H	保护式、按钮数 3(代用)	1
XT	端子板	TD—1515	15 A、15 节、660 V	1
	配电板		500 mm×400 mm×20 mm	1
	主电路导线		BV1.5 mm² 和 BVR1.5 mm²(黑色)	若干
	控制电路导线		BV1 mm²(红色)	若干
	按钮导线		BVR0.75 mm²(红色)	若干
	接地导线		BVR1.5 mm²(黄绿双色)	若干
	紧固体和编码套管			若干

3. 在配电板上安装元件和导线

在配电板上先安装元件，然后按原理图所示的元件连接关系用导线将这些元件连接起来。

1) 安装元件

在安装元件前，先要在配电板(或配电箱)上规划好各元件的安装位置，再安装元件。元件在配电板上的安装位置如图 14-2 所示。

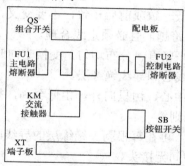

图 14-2　元器件在配电板上的安装位置图

2) 安装元件的工艺要求

(1) 断路器、熔断器的入电端子应安装在控制板的外侧。

(2) 元件的安装位置应整齐，间距合理，这样有利于元件的更换。

(3) 在紧固元件时，用力要均匀，紧固程度适当。在紧固熔断器、接触器等易碎裂元件时，应用手按住元件一边轻轻摇动，一边用螺丝刀轮换旋紧对角线上的螺钉，直到手摇不动后再适当旋紧些即可。

3) 布线

在配电板上安装好各元件后，再根据原理图所示的各元件连接关系用导线将这些元件连接起来。配电板上各元件的接线如图14-3所示。

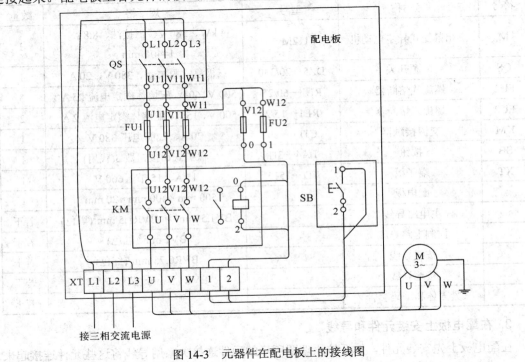

图14-3　元器件在配电板上的接线图

安装导线的工艺要求如下：

(1) 布线通道应尽可能少，同路并行导线按主、控电路分类集中，单层密排，紧贴安装面布线。

(2) 同一平面的导线应高低一致或前后一致，不要交叉，一定要交叉时，交叉导线应在接线端子引出时就水平架空跨越，且必须走线合理。

(3) 在布线时，导线应横平竖直、分布均匀，变换走向时应尽量垂直转向。

(4) 在布线时，严禁损伤线芯和导线绝缘层。

(5) 布线一般以接触器为中心，由里向外，由低至高，按先控制电路、后主电路顺序进行，以不妨碍后续布线为原则。

(6) 为了区分导线的功能，可在每根剥去绝缘层的导线两端套上编码套管，两个接线端子之间的导线必须连续，中间无接头。

(7) 导线与接线端子连接时，不得压绝缘层，不露铜过长。

(8) 同一元件、同一回路的不同接点的导线间距离应保持一致。

(9) 一个元件的接线端子上的连接导线尽量不要多于两根。

4. 检查线路

为了避免接线错误造成不必要的损失，在通电试车前需要对安装的控制线路进行检查。

1) 直观检查

对照电路原理图，从电源端开始逐段检查接线及接线端子处的连接是否正确，有无漏接、错接，检查导线接点是否符合要求，压接是否牢固，以免接负载运行时因接触不良而产生闪弧。

2) 用万用表检查

(1) 主电路的检查。

在检查主电路时，应断开电源开关 QS，并断开(取下)控制电路的熔断器 FU2，然后将万用表拨至 $R \times 10\,\Omega$ 挡，测量熔断器上端子 U11-V11 之间的电阻，正常阻值应为无穷大，如图 14-4 所示。再用同样的方法测量端子 U11-W11、V11-W11 的电阻，正常阻值也应为无穷大。如果某两相之间的阻值很小或为 0，就说明该两相之间的接线有短路点，应认真检查找出短路点。

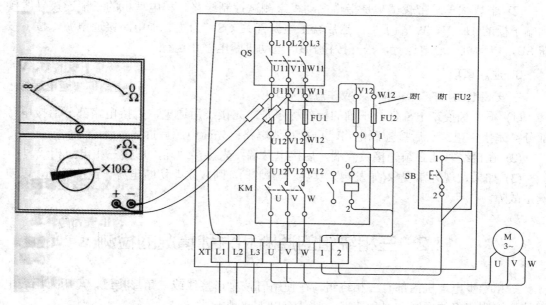

图 14-4　检查主电路

按压接触器 KM 的联动架，人为地让内部触点动作(主触点会闭合)，用万用表测量熔断器上端子 U11-V11 之间的电阻，正常应有一定的阻值，该阻值为电动机 U、V 相绕组的串联值；如果阻值为无穷大，则应检查两相之间的各段接线。具体检查方法：将万用表的一根表笔接 U11 端子，另一根表笔依次接熔断器的下 U12 端子、接触器 KM 的上 U12 端子、下 U 端子、端子板的 U 端，正常测得阻值都应为 0，若阻值为无穷大，则上方的元件或导线开路；再将表笔接端子板的 V 端，正常应有一定的阻值(U、V 绕组的串联值)，若阻值为无穷大，则可能是电动机接线盒错误或 U、V 相绕组开路；如果测到端子板的 V 端均正常，那么继续将表笔依次接接触器 KM 的下 V 端子、上 V12 端子、熔断器 FU1 的下 V12 端子、上 V11 端子，以找出开路的元件或导线。再用同样的方法测量熔断器上端子 U11-W11、V11-W11 的电阻，若阻值不正常，则用上述方法检查两相之间的元件和导线。

(2) 控制电路(辅助电路)的检查。

在取下熔断器 FU2 的情况下，用万用表测量 FU2 下端子 0-1 之间的电阻，正常阻值应为无穷大，按下按钮开关 SB 后测得的阻值应变小，此时的阻值为接触器 KM 线圈的直流电阻。如果测得的阻值始终都是无穷大，那么可将一根表笔接熔断器 FU2 的下 0 端子，另一根表笔依次接 KM 线圈上 0 端子、下 2 端子→端子板的端子 2→按钮开关 SB(保持按下)的端子 2、端子 1→端子板的端子 1→熔断器 FU2 的下 1 端子，以找出开路的元件或导线。

5. 通电试车

如果直观检查和万用表检查均正常，就可以进行通电试车。通电试车分为空载试车和带载试车。

(1) 空载试车。空载试车是指不带电动机来测试控制线路。将端子板上三根连接电动机的导线拆下，然后合上电源开关 QS，为主、辅电路接通电源，按下按钮 SB，接触器应发出触点吸合的声音，松开按钮 SB，触点应释放，重复操作多次以确定电路的可靠性。

(2) 带载试车。带载试车是指带电动机来测试控制线路。将电动机的三根连接导线接到端子板的 U、V、W 端子上，然后合上电源开关 QS，为主、辅电路接通电源，按下按钮 SB，电动机应通电运行，松开按钮 SB，电动机断电停止运行。

6. 注意事项

在安装电动机控制线路时，应注意以下事项：

(1) 不要触摸带电部件，正确的操作程序是：先接线后通电，先接电路部分后接电源部分；先接主电路，后接控制电路，再接其他电路；先断电源后拆线。

(2) 在接线时，必须先接负载端，后接电源端；先接接地端，后接三相电源相线。

(3) 如果发现异常现象(如发响、发热、焦糊味)，则应立即切断电源，保持现场，以便确定故障。

14.2 三相绕组的通断和对称情况的检测

三相异步电动机内部有三相绕组，在使用时按星形接线或三角形接线，可用万用表电阻挡位检测绕组的通断和对称情况。具体有以下几种方法。

1. 通过外部电源线检测绕组

通过外部电源线检测绕组是指不用打开接线盒，直接通过三根电源线来检测绕组的通断和对称情况。通过外部电源线检测绕组时，如图 14-5 所示，正常 U、V、W 三根电源线两两间的电阻是相同或相近的。如果内部三相绕组为三角形接法，那么 U、V 电源线之间的电阻实际为 V、W 两相绕组串联再与 U 相绕组并联的总电阻，只有 U、V 两相绕组，U、W 两相绕组，或者 U、V、W 三相绕组同时开路，U、V 电源线之间的电阻才为无穷大；

　　如果内部三相绕组为星形接法，那么 U、V 电源线之间的电阻实际为 U、V 两相绕组串联的总电阻，只要 U、V 任一相绕组开路，U、V 电源线之间的电阻就为无穷大。

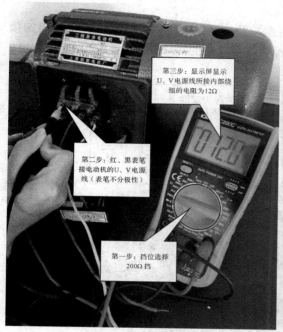

(a) 测量 U、V 电源线间的电阻　　　　　　　　　　(b) 测量 U、W 电源线间的电阻

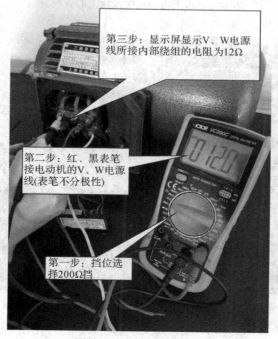

(c) 测量 V、W 电源线间的电阻

图 14-5　通过外部电源线检测三相异步电动机的内部绕组

2. 通过接线端直接检测绕组

利用测量外部电源线来检测内部绕组的方法操作简单，但结果分析比较麻烦，而使用测量接线端来直接检测绕组的方法则简单直观。

(1) 拆卸接线盒。在使用测量接线端来直接检测绕组的方法时，先要拆开电动机的接线盒保护盖，如图 14-6 所示，再将电源线和各接线端之间的短路片及紧固螺丝拆下，如图 14-7 所示。

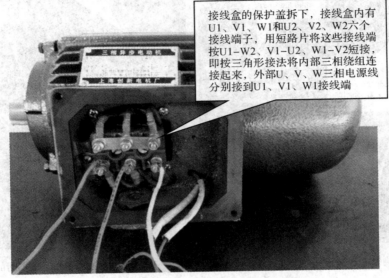

> 接线盒的保护盖拆下，接线盒内有 U1、V1、W1和U2、V2、W2六个接线端子，用短路片将这些接线端按U1-W2、V1-U2、W1-V2短接，即按三角形接法将内部三相绕组连接起来，外部U、V、W三相电源线分别接到U1、V1、W1接线端

图 14-6　拆下电动机接线盒上的保护盖

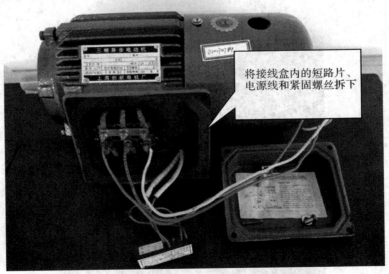

> 将接线盒内的短路片、电源线和紧固螺丝拆下

图 14-7　拆下接线盒内的电源线、短路片和紧固螺丝

(2) 测量接线端来直接检测绕组：用万用表测量接线端来直接检测绕组的操作如图 14-8 所示，图中若红、黑表笔接 U2、U1 接线端，则测得值为电动机内部 U 相绕组的电阻；若红、黑表笔接 V2、V1 接线端，则测得值为 V 相绕组的电阻；若红、黑表笔接 W2、W1

接线端，则测得值为 W 相绕组的电阻。正常情况下三相绕组的电阻应相等(略有差距也算正常)。

图 14-8　用万用表测量接线端来直接检测绕组

14.3　绕组间绝缘电阻的检测

1. 用万用表检测绕组间的绝缘电阻

电动机三相绕组之间是相互绝缘的，如果绕组间绝缘性能下降导致漏电，轻则电动机运转异常，重则绕组烧坏。电动机绕组间的绝缘电阻可使用万用表电阻挡检测，如图 14-9 所示，图中为检测 W、V 相绕组间的绝缘电阻，两绕组间的正常绝缘电阻应大于 0.5 MΩ，万用表显示 "OL"(超出量程)，表示两绕组间的电阻大于 20 MΩ，绝缘良好。

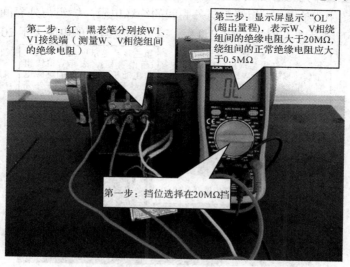

图 14-9　用万用表检测绕组间的绝缘电阻

2. 用兆欧表检测绕组间的绝缘电阻

在用万用表检测电动机绕组间的绝缘电阻时,由于测量时提供的测量电压很低(只有几伏),只能反映低压时的绝缘情况,因而无法反映绕组加高电压时的绝缘情况。这种情况可使用兆欧表。

使用兆欧表(测量电压为 500 V)检测电动机绕组间的绝缘电阻,如图 14-10 所示。在测量时,拆掉接线端的电源线和接线端之间的短路片,将兆欧表的 L 测量线接某相绕组的接线端,E 测量线接另一相绕组的一个接线端,然后摇动兆欧表的手柄,L、E 测量线之间输出 500 V 的高压将加至两绕组上。绕组间的绝缘电阻就越大,流回兆欧表的电流越小,兆欧表指示电阻值就越大。正常绝缘电阻大于 1 MΩ 为合格,最低限度不能低于 0.5 MΩ。再用同样方法测量其他绕组间的绝缘电阻,若绕组对地绝缘电阻不合格,则应将电动机烘干后重新测量,直至达到合格才能使用。

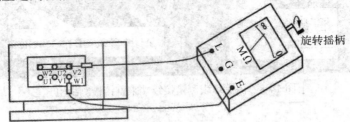

图 14-10　用兆欧表检测电动机绕组间的绝缘电阻

14.4　绕组与外壳之间绝缘电阻的检测

1. 用万用表检测绕组与外壳之间的绝缘电阻

电动机三相绕组与外壳之间都是绝缘的,如果任一绕组与外壳之间的绝缘电阻下降,会使外壳带电,人接触外壳时易发生触电事故。用万用表检测绕组与外壳之间的绝缘电阻,如图 14-11 所示。图中为检测 W 相绕组与外壳间的绝缘电阻,绕组与外壳间的正常绝缘电阻应大于 0.5 MΩ,万用表显示“OL”(超出量程),表示两绕组间的电阻大于 20 MΩ,绝缘良好。

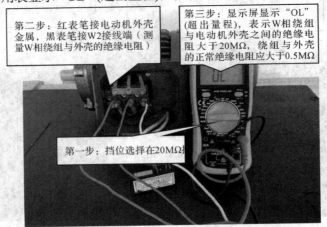

图 14-11　用万用表检测绕组与外壳间的绝缘电阻

2. 用兆欧表检测绕组与外壳间的绝缘电阻

用兆欧表(测量电压为 500 V)检测电动机绕组与外壳间的绝缘电阻,如图 14-12 所示。在测量时,先拆掉接线端的电源线,接线端间的短路片保持连接,将兆欧表的 L 测量线接任一接线端,E 测量线接电动机的外壳金属部位,然后摇动兆欧表的手柄。对于新电动机,绝缘电阻大于 1 MΩ 为合格;对于运行过的电动机,绝缘电阻大于 0.5 MΩ 为合格。若绕组与外壳间绝缘电阻不合格,则应将电动机烘干后重新测量,直至达到合格才能使用。

图 14-12 中的三个绕组用短路片连接起来,当测得绝缘电阻不合格时,可能仅是某相绕组与外壳绝缘电阻不合格,要准确找出该相绕组则需要拆下短路片,进行逐相检测。

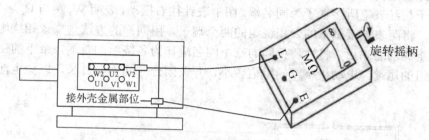

图 14-12　用兆欧表检测绕组与外壳间的绝缘电阻

14.5　判别三相绕组的首尾端

电动机在使用过程中可能会出现接线盒的接线板损坏,从而导致无法区分 6 个接线端与内部绕组的连接关系,采用以下方法可以解决这个问题。

1. 判别各相绕组的两个端子

电动机内部有三相绕组,每相绕组有两个接线端,判别各相绕组的接线端可使用万用表电阻挡。将万用表置于 $R \times 10\Omega$ 挡,测量电动机接线盒中任意两个端子的电阻,如果阻值很小,如图 14-13 所示,就表明当前所测的两个端子为某相绕组的端子。再用同样的方法找出其他两相绕组的端子,由于各相绕组结构相同,因此可将其中某一组端子标记为 U 相,其他两组端子则分别标记为 V 相、W 相。

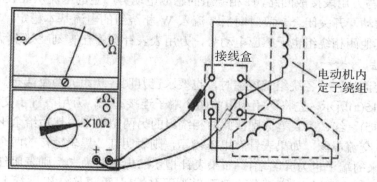

图 14-13　判断各相绕组的两个端子

2. 判别各绕组的首尾端

电动机可不用区分 U、V、W 相，但各相绕组的首尾端必须区分出来。判别绕组首尾端的常用方法有直流法和交流法。

1) 直流法

在使用直流法区分各绕组首尾端时，必须已判明各绕组的两个端子。

如图 14-14 所示，将万用表置于最小的直流电流挡(图示为 0.05 mA 挡)，红、黑表笔分别接一相绕组的两个端子，然后给其他一相绕组的两端子接电池和开关，合上开关，在开关闭合的瞬间，如果表针往右方摆动，表明电池正极所接端子与红表笔所接端子为同名端(电池负极所接端子与黑表笔所接端子也为同名端)；如果表针往左方摆动，表明电池负极所接端子与红表笔所接端子为同名端。图中表针往右摆动，表明 W_a 端与 U_a 端为同名端，再断开关，将两表笔接剩下的一相绕组的两个端子，用同样的方法判别该相绕组端子。找出各相绕组的同名端后，将性质相同的三个同名端作为各绕组的首端，余下的三个端子则作为各绕组的尾端。电动机绕组的阻值较小，开关闭合时间不要过长，以免电池很快耗尽或烧坏。

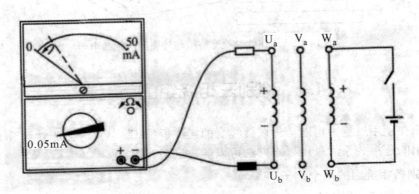

图 14-14　直流法判别绕组首尾端

直流法判断同名端的原理是：在闭合开关的瞬间，W 相绕组因突然有电流通过而产生电动势，电动势极性为 W_a 正、W_b 负，由于其他两相绕组与 W 相绕组相距很近，W 相绕组上的电动势会感应到这两相绕组上，如果 U_a 端与 W_a 端为同名端，则 U_a 端的极性也为正，U 相绕组与万用表接成回路，U 相绕组的感应电动势产生的电流从红表笔流入万用表，表针会往右摆动，开关闭合一段时间后，流入 W 相绕组的电流基本稳定，W 相绕组无电动势产生，其他两相绕组也无感应电动势，万用表表针会停在零刻度处不动。

2) 交流法

在使用交流法区分各绕组首尾端时，也要求已判明各绕组的两个端子。

如图 14-15(a)所示，先将两相绕组的两个端子连接起来，万用表置于交流电压挡(图示为交流 50 V 挡)，红、黑表笔分别接此两相绕组的另两个端子，然后给余下的一相绕组接灯泡和 220 V 交流电源，如果表针有电压指示，则表明红、黑表笔接的两个端子为异名端(两个连接起来的端子也为异名端)；如果表针指示的电压值为 0，则表明红、黑表笔接的两个端子为同名端(两个连接起来的端子也为同名端)。再更换绕组进行上述测试，如图

14-15(b)所示，图中万用表指示电压值为 0，表明 U_b、W_a 为同名端(U_a、W_b 为同名端)。找出各相绕组的同名端后，将性质相同的三个同名端作为各绕组的首端，余下的三个端子则作为各绕组的尾端。

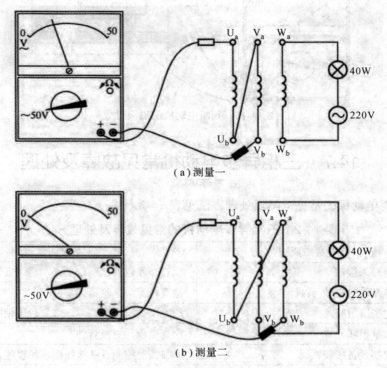

（a）测量一

（b）测量二

图 14-15　交流法判别绕组首尾端

交流法判断同名端的原理是：当 220 V 交流电压经灯泡降压加到一相绕组时，另外两相绕组会感应出电压，如果这两相绕组是同名端与异名端连接起来的，则两相绕组上的电压叠加而增大一倍，万用表会有电压指示；如果这两相绕组是同名端与同名端连接起来的，则两相绕组上的电压叠加会相互抵消，万用表测得的电压为 0。

14.6　判断电动机的磁极对数和转速

对于三相异步电动机，其转速 n、磁极对数 p 和电源频率 f 之间的关系近似为 $n = 60f/p$(也可用 $p = 60f/n$ 或 $f = pn/60$ 表示)。电动机铭牌一般不标注磁极对数 p，但会标注转速 n 和电源频率 f，根据 $p = 60f/n$ 可求出磁极对数。例如，电动机的转速为 1440 r/min，电源频率为 50 Hz，那么该电动机的磁极对数 $p = 60f/n = 60 \times 50/1440 \approx 2$。

如果电动机的铭牌脱落或磨损，无法了解电动机的转速，则可使用万用表来判断。在判断时，万用表选择直流 50 mA 以下的挡位，红、黑表笔接一个绕组的两个接线端，如图 14-16 所示，然后匀速旋转电动机转轴一周，同时观察表针摆动的次数，表针摆动一次表示电动机有一对磁极，即表针摆动的次数与磁极对数是相同的，再根据 $n = 60f/p$ 即可求出电动机的转速。

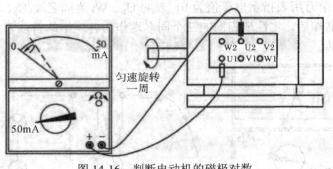

图 14-16　判断电动机的磁极对数

14.7　三相异步电动机常见故障及处理

三相异步电动机的常见故障及处理方法见表 14-2。

表 14-2　三相异步电动机的常见故障及处理方法

故障现象	故障原因	处理方法
不能 启动	电源未接通	检查断线点或接头松动点，重新安装
	被带动的机械(负载)卡住	检查机器，排除障碍物
	定子绕组断路	用万用表检查断路点，修复后再使用
	轴承损坏、被卡	检查轴承，更换新件
	控制设备接线错误	详细核对控制设备接线图，加以纠正
运转声 不正常	电动机缺相运行	检查断线处或接头松脱点，重新安装
	电动机地脚螺丝松动	检查电动机地脚螺丝，重新调整、填平后再拧紧螺丝
	电动机转子，定子摩擦，气隙不均匀	更换新轴承或校正转子与定子间的中心线
	风扇、风罩或端盖间有杂物	拆开电动机，清除杂物；
	电动机上部分紧固件松脱	检查紧固件，拧紧松动的紧固件(螺丝、螺栓)
	皮带松弛或损坏	调节皮带松弛度，更换损坏的皮带
温升超过 允许值	过载	减轻负载
	被带动的机械(负载)卡住或皮带太紧	停电检查、排除障碍物，调整皮带松紧度
	定子绕组短路	检修定子绕组或更换新电动机
运行中轴 承发烫	皮带太紧	调整皮带松紧度
	轴承腔内缺润滑油	拆下轴承盖，加润滑油至 2/3 轴承腔
	轴承中有杂物	清洗轴承，更换新润滑油
	轴承装配过紧(轴承腔小，转轴大)	更换新件或重新加工轴承腔
运行中 有噪声	保险丝一相熔断	找出保险丝熔断的原因，换上新的同等容量的保险丝
	转子与定子摩擦	矫正转子中心，必要时调整轴承
	定子绕组短路、断线	检修绕组

续表

故障现象	故障原因	处理方法
运行中震动过大	基础不牢、地脚螺丝松动	重新加固基础，拧紧松动的地脚螺丝
	所带的机具中心不一致	重新调整电动机的位置
	电动机的线圈短路或转子断条	拆下电动机，进行修理
在运行中冒烟	定子线圈短路	检修定子线圈
	传动皮带太紧	减轻传动皮带的过度张力

电动机必须安放平稳，电动机金属外壳必须可靠接地，连接电动机的导线必须穿在导线管道内加以保护，或采取坚韧的四芯橡皮护套线进行临时通电校验。

电源进线应接在螺旋式熔断器底座中心端上，出线应接在螺纹接头上。

第 14 章习题

一、概念题

1. 如果对电动机直观检查和万用表检查均正常，就可以进行通电试车。通电试车分为哪两种？请简要描述。

2. 简述什么是空载试车。

3. 简述什么是带载试车。

4. 三相异步电动机正在运行时，转子突然被卡住，这时电动机的电流会如何变化？对电动机有何影响？

5. 三相异步电动机断了一根电源线后，为什么不能启动？而在运行时断了一线，为什么仍能继续转动？这两种情况对电动机将产生什么影响？

6. 线绕式异步电动机采用转子串电阻启动时，所串电阻愈大，启动转矩是否也愈大？

二、判断题

1. 在带电维修线路时，应站在绝缘垫上。　　　　　　　　　　　　　　　（　　）

2. 在电气原理图中，当触点图形垂直放置时，以"左开右闭"的原则绘制。（　　）

3. 在电压低于额定值一定比例后，能自动断电的称为欠压保护。　　　　（　　）

4. 在断电之后，电动机停转；当电网再次来电，电动机能自行启动的运行方式称为失压保护。　　　　　　　　　　　　　　　　　　　　　　　　　　　　　（　　）

附录　习题答案

第一部分　低压电工基础知识

第1章

一、1. C　2. C

二、1. 对　2. 错　3. 错　4. 错　5. 对

第2章

一、1. C　2. A　3. C　4. B

二、1～5 全对

第3章

一、1. A　2. B

二、略

第4章

一、1. 对　2. 错　3. 对　4. 对　5. 对　6. 错　7. 对　8. 对　9. 错

二、1. D　2. B　3. B　4. A　5. C　6. B　7. D　8. C　9. C　10. B

第5章

一、1. 对　2. 错　3. 对　4. 对

二、1. A　2. B　3. C　4. A

第6章

一、1. 对　2. 对　3. 错　4. 对

二、1. A　2. A

第7章

一、1. 对　2. 错　3. 对　4. 错　5. 对

二、1. B　2. C　3. C　4. A　5. C　6. B　7. C　8. C

第二部分　民用照明电路实操

第8章

一、1. B　2. C　3. C

二、1. 对　2. 对　3. 对　4. 错　5. 对

第 9 章

一、1. C 2. C 3. A 4. A 5. B 6. B 7. B 8. A 9. B 10. A

二、1. 错 2. 错 3. 对 4. 对 5. 对

第三部分 三相异步电动机控制电路实操

第 10 章

一、1. AC 2. 热继电器 3. 380 V 4. 整流

二、1. 见教材。

2. 答：

$$n_0 = \frac{60f}{p} \qquad\qquad S = \frac{(n_0 - n)}{n_0}$$

$$= 60 \times \frac{50}{2} \qquad\qquad 0.02 = \frac{(1500 - n)}{1500}$$

$$= 1500 \text{ r/min} \qquad\qquad n = 1470 \text{ r/min}$$

电动机的同步转速为 1500 r/min，转子转速为 1470 r/min。

转子电流频率 $f_2 = Sf_1 = 0.02 \times 50 = 1 \text{ Hz}$

3. 答：异步电动机的转子没有直流电流励磁，它所需要的全部磁动势均由定子电流产生，所以一部电动机必须从三相交流电源吸取滞后电流来建立电动机运行时所需要的旋转磁场，它的功率因数总是小于 1 的。同步电动机所需要的磁动势由定子和转子共同产生，当外加三相交流电源的电压一定时总的磁通不变，在转子励磁绕组中通以直流电流后，同一空气隙中，又出现一个大小和极性固定、极对数与电枢旋转磁场相同的直流励磁磁场，这两个磁场的相互作用，使转子被电枢旋转磁场拖动着以同步转速一起转动。

三、1. 对 2. 错 3. 错

第 11 章

1~3，5~10 题答案见教材相关章节。

4. 答：可以使用万能表的通断量程。当万能表测量时响，证明是常闭触点；如果万能表不响则证明是常开触点。用手按一下辅助触头的按钮，常开就会响，常闭就不响。

第 12 章

一、1~4 题答案见教材相关章节。

5. 答：会反转。假设原绕组为 A—B—C，如果将定子绕组接至电源的三相导线中的任意两根线对调，例如将 B、C 两根线对调，即使 B 相与 C 相绕组中电流的相位对调，此时 A 相绕组内的电流超前于 C 相绕组的电流 2π/3，因此旋转方向也将变为 A—C—B，向逆时针方向旋转，即与未对调时的旋转方向相反。

二、1. 错 2~5. 对

第 13 章

见教材相关章节。

第 14 章

一、1~3 题见教材。

4. 答：电动机的电流会迅速增加，若时间稍长则电机有可能会烧毁。

5. 答：三相异步电动机断开一根电源线后，转子的两个旋转磁场分别作用于转子而产生两个方向相反的转矩，而且转矩大小相等。故其作用相互抵消，合转矩为零，因而转子不能自行启动。而在运行时断开一线，仍能继续转动，转动方向的转矩大于反向转矩。这两种情况都会使电动机的电流增加。

6. 答：线绕式异步电动机采用转子串电阻启动时，所串电阻愈大，启动转矩愈大。

二、1～3. 对　4. 错

参 考 文 献

[1] 李巧娟. 电工测试与实验基础. 北京：中国电力出版社, 2009.

[2] 赵卫东. 电气测试基本技术. 北京：中国电力出版社, 2009.

[3] 陈惠群. 电工仪表与测量. 3 版. 北京：中国劳动社会和保障出版社, 2004.

[4] 李加旺, 吴海春. 电工仪表与测量项目教程. 北京：电子工业出版社, 2016.

[5] 孙丽君, 王军平. 常用电工仪表. 北京：化学工业出版社, 2010.

[6] 李光中, 周定颐. 电机及电力拖动. 北京：机械工业出版社, 2013.

[7] 曹金根, 金佩琪. 低压电器和低压开关柜. 北京：人民邮电出版, 2010.

[8] 乔长君. 全彩图解电动机控制电路. 北京：中国电力出版社, 2015.

[9] 方大千, 刘梅, 等. 高低压电器实用技术 300 问. 北京：化学工业出版社, 2016.

[10] 刘光启, 夏晓宾. 电工手册. 高低压电器卷. 北京：化学工业出版社, 2015.

[11] 上海市安全生产科学研究所. 低压电工作业人员安全技术与管理. 上海：上海科学技术出版社, 2017.

[12] 张本霞. 保险丝选型和应用[J]. 电子质量, 2020, 05: 9-12.

[13] 孙玉培. 温度保险丝/热熔断器构造及原理[J]. 中国新技术新产品, 2018, 11(下): 95-96.